中華佛齋

六大千年名寺
最天然的養生食譜

中華佛敎齋

甲午桃月

九十叟趙樸初書

般若波羅蜜多心經 觀自在菩薩行深般若波羅蜜多時照見
五蘊皆空度一切苦厄舍利子色不異空空不異色色即是空
空即是色受想行識亦復如是舍利子是諸法空相不生不滅
不垢不淨不增不減是故空中無色無受想行識無眼耳鼻舌
身意無色聲香味觸法無眼界乃至無意識界無無明亦無無
明盡乃至無老死亦無老死盡無苦集滅道無智亦無得以無
所得故菩提薩埵依般若波羅蜜多故心無罣礙無罣礙故無
有恐怖遠離顛倒夢想究竟涅槃三世諸佛依般若波羅蜜多
故得阿耨多羅三藐三菩提故知般若波羅蜜多是大神咒是
大明咒是無上咒是無等等咒能除一切苦真實不虛故說般
若波羅蜜多咒即說咒曰揭諦揭諦波羅揭諦波羅僧揭諦菩
提薩婆訶

敬獻 中華養生佛齋編委會 丁潔敬書

前言

佛教，是一個古老的教派，也是目前世界三大教派之一，擁有眾多信徒。其教義令人嚮往著迷，更因為佛教本意中的放下、看破、苦集滅道、正等、正覺、正知等教義，令我等平凡眾生在人生的道路上多了一份感悟，多了一份智慧，多了一份慈悲心腸，而《中華佛齋》則是一本用心詮釋佛之智慧的書。

《中華佛齋》對齋菜的起源、寓意、典故、傳說、演義等有相關介紹。書中精選的佛齋有些取材於佛經典故，有些取材於民間故事。《中華佛齋》對齋菜的材料選擇、烹製和調味的過程、飲食的營養搭配以及季節養生的方法有詳細的圖文介紹。

書中的齋菜集各家之長，力求不重複，對於已經廣為流傳的同名菜，凡同材料、同製法、同風味的，則尊重發源地，由發源地進行編寫。本書可作為有營養專業的大專院校和全國各類烹飪院校進行素菜培訓的輔助性教材，可作為同各國進行齋菜交流的工具書，更可作為國內外的同行、美食家、食素者、烹飪愛好者、佛教信仰者的良師益友。

《中華佛齋》的編輯和出版，對挖掘、整理、發展中華齋菜藝術，培養新一代有文化、有技術的素齋菜高中級廚師、營養師，對中國與世界各國素菜的烹飪技術交流，都將起到積極的作用，對於佛教文化以及社會正能量的傳播也具有無量的貢獻。

在此，對所有為編寫、出版這本書作過貢獻（功德），特別是辛勤製作菜肴的僧人和廚師、拍照單位，以及為這本書題寫書名、題詞、提供篆刻印章的專家一併表示衷心的感謝。將《中華佛齋》做精、做細是我們堅定不移的原則。

南無阿彌陀佛！

目錄

麵點

峨眉山齋菜

寺中的齋菜

功德齋

佛齋養生，因緣和合

養生佛齋談

中國僧人飲食最重要的規定是「吃齋」，也就是素食。素食是佛教中佛齋的特色，佛家吃素食主要是體現其慈悲精神。從健康角度考慮，素食也是值得提倡的。人類的飲食方式，作為人與自然界相交換的生理行為，不是一種單純的吃與喝，而是按特定方式進行的文化行為。「吃什麼」「怎麼吃」，表現為在明確觀念指導下進行的社會行為。佛家奉行的素食主張，就是人類社會生活裡存在的各種各樣飲食方式中的一種。佛家的素食主張，是與佛家教義、教規以及它所主張的宗教倫理觀念相連的。佛家的素食主張緣於以下幾點：

一 食素出於慈悲心

由歷代傳統及經文來看，佛教是十分看重素食的宗教，而其素食的主張建基於慈悲、戒殺生的信念。

在信佛者的心目中，好的佛教徒，是熱愛一切生命的，信徒可以通過飲食這一特別的「修行」方式，來獲得慈悲心，以此來提高生命的品質。而吃肉的人，佛經上說，由於「無已」（無知），會殘忍地殺害生命。佛家認為，一個人要是有殘忍的行為，那是不能修煉成佛的。他們在殺生時，不知道自己的所作所為，更不知道他們的所作所為對被屠殺的動物來說又意味著什麼。如果他們真的了解被宰殺的動物，也像人們愛惜自己的生命一樣，就會感悟到那些動物被宰殺時同樣會感到疼痛和恐懼，那也許就會使很多的動物不再被殺害。因此，佛教主張，要阻止這些殺生的行為，主要是要激發起人們的慈悲心。

二 吃出來的因果輪回

因果定律，是佛家的基本法則，造什麼因，得什麼果，是必然不變之理。選擇素食，就是基於這種對因果輪回的認識。

佛家所說「吃出來的輪回」的教理，從某種意義上說，認識到了人的飲食與自然生態鏈的關係，其中一些觀點還頗合於現代生態文明的理論，例如，佛家認為瘟疫就是共報的事例。在現代，那些嘴饞的人就愛吃野生動物，為此常常吃出病來，還把病大面積地傳染給別人，這類事件，屢見不鮮。

三 把平等吃出來

佛家講食素，還基於眾生平等的原理。佛家認為，一切眾生都有佛性，將來都可以成佛。換句話說，現在的一切眾生都是未來的佛。佛說：「一切男子是我父，一切女子是我母。」推而及之，所有的眾生，雄性是父，雌性

是母。佛家說「父母」乃是方便說法，使佛教徒生出戒懼心，從而避免食肉。

當然，從現代科學的角度來分析這一理論，是沒有什麼道理的。我們所說的「父母」，完全是從血緣上、社會關係上來區分的。但從物種間的關係上看，人與其他物種有連繫，要建立和諧、彼此尊重的生存關係鏈，這一見解是有意義的。從物種並存的視角看，人類與其他物種的存在價值是相等的。

淨因法師在《殺生之殘忍》中說：「人是動物，還是雜食動物。誰也沒說雜食動物就一定是要吃肉的。我們可以吃蔬菜、水果和堅果。我們自認為很高貴，但從沒有過平等的心，從來沒有為和我們擁有同樣生命的動物想過。我們鄙視牠們的情感，否定牠們的生存意義，認為其他動物的存在，就是為了我們的味覺。我們不把動物和人看做平等的……我們的道德在哪裡呢？我們都知道我們不能殺人，可是我們就能殺非人類的動物嗎？牠們和我們一樣，是具有生存權利的啊！」這些物種間平等的自然博愛主義說法和現代動物保護者的某些觀念是一致的。這說明佛家所講「無緣大慈，同體大悲」的觀念，與現代生態道德的某些主張是相通的。

四　食素吃出健康

佛家認為，飲食的葷素和多少，都與人的健康有直接關連。有些疾病，是由食葷引起的，可以通過食素得到預防和醫治。同時，食素也不會影響人的腦力。

佛家的素食飲食觀念，符合現代養生與營養學的理論。人體所必需的養分與營養，都可以從素食中獲得。懂得搭配，不偏食，素食者就可以獲得更均衡的養分與營養。大腦細胞的養分主要是蛋白質、B群維生素及氧氣等，食物中以穀類及豆類等含量較多。所以，素食主義者能獲得健全的腦力，不僅思維敏捷，而且與常人相比，智慧與判斷力方面還有優勢。像莎士比亞、牛頓、蕭伯納等，這些智者大都偏愛素食。

素食沒有肉食的許多副作用，如大量食用動物脂肪食品，不僅增加消化系統的負擔，導致胃腸膽囊疾病，而且易引起膽固醇含量增高，血液黏稠度上升，引發冠心病、肺心病、高血壓、中風、肥胖、癌症等多種慢性疾病，

但仍有很多人對素食持有異議。除了貪求肉食美味之原因外，主要是擔心素食養生與營養不夠。其實，這種認識是缺乏科學依據的。素食者可以從他們的食物中獲得平衡的營養成分，這可從長壽佛家高僧每日食譜與現代素食者食譜的對比中得到印證。

日本北法相宗宗務長清水寺總住持大西良慶在 1983 年逝世，享壽 107 歲，他幾十年來一直堅持早上六點鐘起床，吃很簡單的東西。他的一日三餐是：早餐為梅乾、醃大頭菜、豆腐味噌湯和白粥兩碗；午餐吃早餐剩下的，或是麵條；晚餐則是豆腐湯、菠菜或其他青菜混合的飯一碗。大西良慶總住持修行以來，沒有吃過肉類食品。

美國加州大學藥學博士鄭慧文研究素食食譜，提出了「221 素食法」，得到世界衛生組織、美國衛生部、英國衛生部的認可與推廣。「221 素食法」即以兩份五穀雜糧、兩份蔬菜水果和一份豆類的比例搭配進餐。「221 素食法」可以確保素食者攝取充足的養分，尤其是素食者容易忽略的蛋白質及醣類，都可以藉此而調整。

總之，素食富於養分與營養，清淡而易於消化，能夠滿足人體對各種營養成分的需求，素食者不會引起營養素的缺乏而致營養不良或身體虛弱。

五 食素自有其滋味

對於五味，佛家也從提高人健康水準的角度提出了有價值的看法，值得我們借鑑。有一部叫《摩訶止觀輔行》的佛經說：適度的酸味，對肝臟有益，卻會損脾臟，所以脾病不可吃酸；適度的辛味，對肺臟有益，卻會損肝臟，所以肝病不可吃辛；適度的苦味，對心臟有益，卻會損肺臟，所以肺病不可吃苦；適度的鹹味，對腎臟有益，卻會損心臟，所以心病不可吃鹹；適度的甘味，對脾臟有益，卻會損腎臟，所以腎病不可吃甘。

這樣說來，佛家的素食並不是不講究飲食多樣化、不講究吃得有滋有味的。素食者每天的飲食，包括下面五種：

1. 麵包、穀類和馬鈴薯：為飲食的三分之一，這類食品富含纖維、維生素和礦物質，是很好的澱粉來源，有可能的話，盡量選擇高纖維食品，但要多喝水，且食用此類食品時盡量不搭配含脂肪的食品。

2. 水果與蔬菜：包括各種新鮮的、罐裝的、晒乾的蔬果以及果汁。也為飲食的三分之一，應盡量選擇多類

品種，每日不少於五種。水果與蔬菜富含維生素和纖維，深綠色的蔬菜含鐵多，柑橘類植物中的維生素 C 可以幫助人體吸收鐵。

3.牛奶和乳製品：此類食品富含蛋白質和鈣，應適量攝取。

4.豆類和堅果類：此類食品富含蛋白質和維生素等，應適量攝取。

5.帶脂肪和糖類的食品：包括甜食、餅乾以及油炸的食品等，此類食品應少量攝取。

從對佛家膳食食譜構成的研究可以發現，這五類食品都是佛家基本飲食品種，在佛教飲食文化上，也確實出了許多素食美食家，佛家素食也已成一大食系。

六 增進健康的節食法

佛家認為，節食是增進健康的有效方法之一。佛經《摩訶止觀輔行》裡面記載：「吃得少，心智才能清明。」而唐朝高僧百丈禪師曾列出寺院生活的二十條要則，其中的第四條也說：「疾病以減食為湯藥。」這說明佛家很重視節食在治病中的作用，這是很有道理的。我們知道，有些腸胃疾病和不適，確實需要減食調養。少吃東西能讓消化系統得到休息，減輕身體

的過度負荷，使生理組織恢復活力，白血球和抗體充分發揮驅除細菌病毒的效能。

有很多疾病是由於飲食太多太雜引起的，中醫有「飲食自倍，腸胃乃傷」之說，飲食過量會引起消化不良、胃腸疾病，影響營養成分的吸收或者過多的養分留在體內排不出去，導致肥胖、動脈硬化、高血壓等慢性疾病。因此，減少或適量飲食，可以防治疾病，還可以減少毒素的積累，對於強身健體無疑是有益的。

七 佛說飲食

進食就是吃藥

佛家把飲食和藥物統稱為「藥」。要求其信徒吃純淨天然的素食或吃全素，提出許多飲食禁忌，包括要無肉、無蛋，還要不食蔥、蒜等刺激性食物。

佛陀認為，「吃肉只是一種後天的習

慣，我們不是一出生就想吃肉的。」我們殺豬殺牛的時候，有沒有問牠願不願意給我們吃？凡是生物都有貪生怕死的心，我們不願意給老虎吃，為什麼動物應該被我們吃？儒家說：「見其生，不忍見其死，聞其聲，不忍食其肉，是以君子，遠庖廚也。」（《孟子·梁惠王篇》）愛因斯坦說：「我認為素食者所產生性情上的改變和淨化，對人類都有相當好的利益，所以素食對人類很吉祥。」可見食素是許多古今聖賢共同的教誨。

佛家對人的飲食，有與眾不同的看法。在人們看來，人們的頭痛腦熱、肚子脹等種種痛苦，稱之為病，治療此病痛的是藥。同樣，肚子餓也被視為一種病，是饑病，能「治療」此種「病痛」的飲食，也稱為藥。戒律上說，眾生的病分為兩種：一種是饑渴的「故病」，另一種是因大增損的「新病」。治這兩種不同疾病，相應的有四種藥：即時藥、非時藥、七日藥、盡形壽藥。前三種是規定了食用方式的食物，而第四種藥則是我們今天所說的治病藥物。戒律上要求信徒們把飲食當成「藥物」，這樣，食時就不會貪多、貪好了。

戒食肉

佛教最初出現於印度時，它的信眾並沒有特殊的飲食習慣和規定，出家的比丘、比丘尼過的是沿門托缽乞食的生活。後來，佛教僧團內部發生了食肉與不食肉的爭議，一些人認為，信徒可食用托缽得到的肉食，因僧尼在外面托缽，施主給什麼吃什麼，隨緣而不攀緣，是不能選擇的。印度阿梨巴西說：「三淨肉如果是乞食所得，吃了也沒有過失。」佛家所禁止的，是食用非清淨之肉。非清淨之肉就是三不淨肉，即自己看見是專門為自己所殺的，或聽到說是為自己所殺的，或懷疑是為自己所殺的，這樣得來的肉都是不能吃的，當然，它們都是出於宗教上的考慮。還有一種觀點認為，吃肉的全是外道，或因此而戒律不清淨。真正的佛教信眾，即使是三淨肉也不可食用。

大乘經論對食肉做了嚴格禁止食用的界說，許多大乘經典中，都著重講解了食

肉的過失以及戒殺、斷肉、素食的功德。佛陀弟子中有一位名叫迦葉的向佛請教道：「為什麼以前可食三種淨肉，乃至九種淨肉呢？」佛陀告訴他說：「這是因為修行都是慢慢發展進行的，一下子斷掉有困難，但是，應當知道現在就斷肉的教義。」之所以有這種情形，是為引度眾生而採用的「漸進」方式，讓大家能更容易地修學佛法。當他要離開娑婆世界的時候，又把三淨肉的事情交代得非常明確，告訴修學佛法的弟子說：「凡是肉，一切都不准吃。」

《楞伽經・卷四》記載佛祖回答大慧的查問，指出食肉會生出一些過：

· 「佛告大慧：有無量因緣，不應食肉。然我今當為汝略說。謂一切眾生從本已來，輾轉因緣，常為六親，以親想故，不應食肉。」即是說一切有情眾生無始以來，輾轉因緣，互相為六親眷屬，因為有親緣關係，所以不應該食肉。

· 「驢騾駱駝，狐狗牛馬，人獸等肉，屠者雜賣故，不應食肉。」驢、騾、駱駝、狐、狗、人獸等肉，屠夫們摻雜著賣，所以不應該食肉。

· 「不淨氣分所生長故，不應食肉。」肉類動物都是吃不乾淨的東西生長的，因此不應該食肉。

· 「眾生聞氣，悉生恐怖，如旃陀羅（屠夫）及譚婆（食肉之人）等，狗見憎惡，驚怖群吠故，不應食肉。」人們聞到吃肉者的氣息，都會產生恐怖心，所以不應該食肉。

· 「又令修行者，慈心不生故，不應食肉。」吃肉會使修行者的慈心不生，所以不應該食肉。

· 「凡愚所嗜，臭穢不淨，無善名稱故，不應食肉。」肉類是不覺悟的人所喜愛的，所以不應該食肉。

· 「令諸咒術不成就故，不應食肉。」修行人若食肉，念咒語時，令語不能成就，所以不應食肉。

· 「令口氣臭故，不應食肉。」一切肉類在胃中難消化，長期在大腸中產生腐敗物，吃肉者口氣汗液大小便有惡臭味，所以不應食肉。

· 「多惡夢故，不應食肉。」食肉會經常做惡夢，所以不應食肉。

· 「空閒林中，虎狼聞香故，不應食肉。」在空閒林野，虎狼會跟著肉味找到食肉者，所以不應食肉。

· 「令飲食無節量故，不應食肉。」肉類會使人飲食無度，所以不應食肉。

· 「令修行者，不生厭離故，不應食肉。」肉類會使修行者不生厭離凡塵之心，所以不應食肉。

· 「過去有王名師子蘇陀娑，食種種肉，遂至食人。臣民不堪，即便謀反，斷其俸祿，以食肉者，有如是過故，

不應食肉。」吃肉令人富侵略性，天下難以太平，所以不應該食肉。

「由食生貪欲，貪令心迷醉，迷醉長愛欲，生死不解脫。」吃肉令人生貪念，不滿足於既有的一切，所以不應吃肉。

以前有時說免食五種肉，或免食十種。現在，在這部經裡，一切種、一切時都斷。如來自己不吃肉。如來大悲，對待一切眾生猶如一子，不允許一切佛家弟子吃肉。

佛家戒五辛

佛家對於修學者，要求戒食五辛。五辛通常被認為是大蒜、小蒜頭（就是小蒜）、蔥、韭菜、洋蔥。佛家認為，出家的比丘、比丘尼、式叉摩那（學法女）、沙彌、沙彌尼，以及在家修習的男女居士等眾佛弟子，不可以吃肉類葷食之物，以及蔥、韭菜、蒜等五種辛味的蔬菜。

禁食五辛是大乘經律中提出的。如《梵網經》中說：「若佛子，不得食五辛：大蒜、茖蔥、慈蔥、蘭蔥、興渠，是五種，一切食中不得食用。若故食者，犯經垢罪。」此中大蒜，又稱胡蔥，史傳張騫出使大宛，從胡地取回；慈蔥，就是蔥，由莖葉慈柔得稱。蘭蔥，有說是小蒜，有說是韭菜。茖蔥，一名山蔥，生長於山澤中，有說就是薤，即韭菜。興渠，據說漢傳佛教沒有。

在小乘律中，只提到用蒜來治病才可食用蒜。以餅裡裹蒜食，若其他的藥不能治，只有服蒜才行的，可以服食。若塗瘡不犯，非食蒜不能治癒，戒律才允許。但吃了蒜後，為了不影響大家，律中又規定，七日不得臥僧床褥、上僧廁，不得入僧浴室、溫室、講室、食屋，乃至說法布薩（信徒集會、懺悔的佛教儀式），即一切活動不得加入。在一個團體裡，如果大家都食蒜，不會有什麼特殊感覺，倘若只有一兩個人吃，那種由食蒜後發出的口臭氣，就會影響其他人。所以，吃一次蒜就要與僧眾隔離七天，等他身上臭味散盡了，沐浴更衣後，才能回到僧眾中共同生活。

佛家不禁食牛奶

素食者以穀物、豆類、堅果類、蔬菜和水果為日常飲食，蛋、牛奶和乳製品可以選擇吃或不吃，不吃任何含有乳製品或蛋的素食者，叫做嚴格的素食主義者，或叫純素食者。

在佛家素食品店一般不禁食牛奶，佛陀在修行中，曾食用過牧羊女為他熬製的乳糜。聖一法師在《八關齋戒開示》中說：「關於乳製品，不屬於肉食，也不屬於腥食。因為牛羊吃草及五穀，所產的乳汁也不含腥味。飲乳既未殺生，也不妨礙牛犢、羔羊的飼育，而且是由人來飼養、控制乳量的生產，不會影響雛兒的生長與發育。所以，在佛陀時代，普遍飲用牛乳，而且將乳製品又分為乳、酪、生酥、熟酥、醍醐五類，是日常的食品，也是必需的養生與營養品，不在禁戒之列。」

吃蛋等於殺生

佛家信徒能不能吃蛋？雞蛋屬於葷還是素？食用有添加蛋類的食物，如蛋糕、冰淇淋、餅類，是否算是殺生呢？這些

問題在佛教界是有爭議的，有的佛教徒說，出家人不可以吃蛋。

《顯識論》說：「一切卵不可食，皆因它可以化育出生命。」來果禪師以不吃蛋為修行者的「素口之道」。他在《參禪普說》裡說：「五葷何在？蔥韭蒜以無聞，蛋蝦子而未嗜，蘿蔔青菜為無上清齋，黃薺野藿當珍饈妙味，素口之道通矣。」現在有一些素食的人也吃蛋，是因為現在的蛋大多是由人工飼養的生蛋雞所生，無法孵出小雞。但在佛教的道場中，食物來自十方供養，無法得知它是不是生蛋雞所生，是不是沒生命的，基於慈悲的理由，避免誤食眾生肉，所以還是完全不吃的。

佛家把生命的形態區分為四種，即胎生、卵生、濕生、化生。蛋是屬於卵生的，只要有蛋這個形體在，便有一個具體的生命存在。所謂「有情之心識，靈妙不可思議」。因為不明白雞蛋也是有生命的，它能孵出小雞，雖然沒有經過母雞孵化，只要在烘箱內，加到適當的溫度，也能孵出小雞，所以嚴格說來，吃蛋也被視同殺生。吃了一個蛋，就等於殺了一個生命。這樣日積月累，所造的殺業也是非常嚴重的。因此，佛家認為無論是從護生的角度，還是從慈悲的角度，都不應該吃蛋。

佛齋宴席示例

冷盤類
佛國素八碟（素燒鵝，芝麻善果
薑汁蘭花乾，豆干野菜，四喜烤麩
開胃黑木耳，淨素肉鬆，多味黃瓜）

熱菜類
雀巢悟禪，萬善同歸，蠔油雙菇
金玉滿堂，慈悲為懷，菜心大烏參
孟宗哭竹，清香茄合，紅燒素羊肉
松子大黃魚，木耳竹笙湯
無塵果酥香餅，鑒真東渡

此外，佛齋中另提供一些餐點菜式如下：

小菜：黃豆、花生、醬瓜、鹹菜、豆腐、嫩薑麵筋、泡菜、黃瓜、豆芽、萵筍、菜心、紫菜豆皮酥、西瓜皮、蘿蔔絲、空心菜、蘿蔔乾、豆腐乳、豆瓣醬、涼拌榨菜、炒茭白筍、涼拌海帶、鳳梨木耳、豆干菠菜、鹽拌四季豆、芹菜炒豆干、玉米香菇丁、涼拌小黃瓜、醃小白菜加豆干、茼蒿涼拌豆干。

早點：稀飯、豆漿、湯麵、漿粥、煨麵、藕粥、攤餅、饅頭、包子、花卷、燒賣、蒸餃、麥片、綠豆粥、紅豆粥、煎油餅、小米粥、八寶粥、燒餅、油條、牛奶、麵包、牛奶稀飯、糯米桂圓粥。

冷盤：腰果、紫菜、烤麩、金針、香菇、豆皮、醋麵筋、毛豆莢、營養豆腐、涼拌乾絲、糯米甜藕、蘆筍沙拉、小玉米筍沙拉、三明治沙拉。

菜類：冬白菜、炒三冬、炒冬菇、蒸茄子、蒸豆腐、空心粉、豆腐團、紅燒蘿蔔、烤麩竹筍、紅燒冬瓜、菠菜豆腐、炒什錦菜、奶油白菜、糖醋白菜、紅燒馬鈴薯、大白菜豆腐、白菜百葉卷、菠菜百葉卷、麵筋炒青椒、木耳炒生薑。

湯類：營養湯、豆皮湯、玉米湯、三鮮湯、三冬湯、酸辣湯、粉絲湯、海帶豆腐湯。

總之，烹飪務求在物質享受的同時，得到精神上的享受，讓大家在喜悅的飲食中，吃出健康的身體，提高人生意境，達到寓教於食的目的。

養生齋菜烹飪小常識

養生齋菜的口味千變萬化，一般來說，夏季清淡，冬季濃郁，如果材料本身鮮味較濃時，調味要輕，突出鮮味來；而材料本身無味時，可以加重調味，來補充其滋味不足。

■ 料理小訣竅

- 養生齋菜不同於葷菜，在油炸時，油鍋溫度不宜太高，需要經過多次油炸、多翻動，以達到酥脆的口感。
- 素食食材一般鮮味不足，所以必須翻炒透，才能讓調味料入味。
- 汆燙時，可在鍋中的滾水中加入鹽略調味，如此也可使蔬菜保持鮮綠，並去除澀味。
- 在素食中常用到勾芡技巧，主要原因是有些材料，表面光滑，水分多，難以入味，必須靠勾芡的湯汁附著在食物上，讓菜色鮮豔，味道濃厚，質地柔嫩。
- 鹽會使蛋白質凝固，在烹煮蛋白質含量豐富的食物時（如黃豆），不可先放鹽，否則黃豆表面的蛋白質會凝固，使其無法吸水膨脹，不易熟透。
- 蒟蒻類真空包裝產品（如素蝦仁、素肉），經高溫殺菌處理，皆是熟製品，因此烹煮時間不宜過久，否則口感較硬。蒟蒻不可冷凍，但如果在使用前加冷水浸泡 1 小時，口感會更滑嫩。

■ 素高湯製作法（素上湯）

高湯是烹調、製作菜肴時不可缺少的。葷菜也常使用高湯，讓食物更加鮮美，但受到材料的限制，素高湯的作法與一般的高湯有所差異，基本上以黃豆芽及胡蘿蔔做材料，並可變化出多種作法，以下介紹 3 種素高湯供讀者參考：

■ 冬菇高湯

材料：冬菇蒂 100 克

作法：

1.冬菇蒂洗淨，倒入鍋中加 2000 克水，大火煮開後改小火煮 1 小時。

2.待涼過濾即可應用湯汁（可加入適量的蠶豆，味道會更醇厚）。

豆芽蘿蔔湯

材料：

黃豆芽 1000 克，胡蘿蔔 2 個

芹菜 2 棵（或蘿蔔 1 個）

香菇蒂 100 克

作法：

1. 胡蘿蔔去皮，洗淨切塊；芹菜洗淨，切小段；香菇蒂洗淨，泡軟備用。
2. 鍋中倒入全部材料後加 1000 克水煮開，改小火續煮 4 ～ 5 小時（鍋蓋須留縫隙）。
3. 待涼過濾，留下湯汁即可應用。

豆芽甘蔗湯

材料：

黃豆芽 1000 克，甘蔗 1000 克

大豆沙拉油 2 大匙

作法：

1. 將 2 大匙油燒熱，倒入 1000 克黃豆芽，大火快炒數分鐘。
2. 加入 7500 克水和 1000 克甘蔗（甘蔗須先拍碎），用小火煮 2 小時。
3. 除去甘蔗、黃豆芽即成。（可加入一小碗紅棗或 100 克香菇頭，使湯味更鮮。）

酥炸粉製法

材料：麵粉 2/3 碗，沙拉油 2 大匙，白胡椒 1/2 小匙，泡打粉 1/2 小匙

　　　玉米粉 1/3 碗，鹽 1/2 小匙，黑胡椒 1/2 小匙

作法：上述材料加入適量水，攪拌均勻即可使用。

芡水的製法

材料：澱粉 100 克、水 300 克　　　作法：澱粉與水均勻混合即可使用。

• 一般炒菜須勾芡的，都須加芡水，澱粉與水的比例為 1:3。澱粉可用玉米粉或馬鈴薯粉，台灣則多用太白粉。

佛齋種類與食用宜忌

■ 佛齋的種類

佛教對僧人吃的飯分為三種，一是「受請食」，即僧人受施主邀請，到施主家就食；二稱「眾僧食」，即僧人在僧眾中共同進食；三稱「常乞食」，即穿戴僧服，帶著乞食的缽盂，到村落挨門挨戶乞討食物。印度在佛教創始初期特別推崇乞食，認為「受請食」及「眾僧食」都是被動的進食，會產生煩惱。比如施主請某僧就食，某僧就會以為自己是有功德的人，產生驕傲自滿的情緒；反之，沒有受到施主的邀請，則會產生怨恨心理，或者感覺自卑，這些都對修行不利。而眾僧食則要服從統一的規定，要進行種種準備工作，費思勞神，也會妨害修道，只有乞食才是正確的進食方法。

佛齋典型的套餐

頭陀（苦行僧）所持的戒律之一就是只能吃乞討得來的食物。但是，在中國，僧人只有在外出遊方時才「化齋」（相當於乞食），而寺廟一般都有自己專門的廚房。在佛門，擔任烹調工作的人稱為「典座」，《僧堂清規》云：「此職主大眾齋食，故時時改變食物，大眾受用安樂為妙。」《永平元禪師清規》也說：「調辨供養物色之術，

不論物細，不論物粗，深生真實心、敬重心為詮要。」

典型套餐 1：
菜色：紅燒蘿蔔、菠菜百葉、海帶生薑絲、黃瓜油麵筋、烤麩竹筍、蒸豆腐。
湯：豆腐、白菜、番茄。
點心：炒麵、豆包。

典型套餐 2：
菜色：紅燒冬瓜、紅燒芥菜、奶油白菜、八寶豆腐、麵筋炒青椒、生薑油麵筋。
湯：味噌、海帶、豆腐。
點心：糯米飯（甜）。

典型套餐 3：
菜色：紅燒馬鈴薯、糖醋冬白、雪裡蕻豆腐、豆腐團、紅燒素滷雞、胡椒炒瓠子。
湯：什錦湯。

■ 佛齋的食用宜忌

「乞食」與「過午不食」

在佛教，關於僧人飲食的制度中，還有一條更重要的規定，就是「過午不食」，這一條在佛教的戒律中稱「非時食戒」。中國翻譯最早的一部佛經

《四十二章經》中説：「日中一食。」過午不食，就是説日過正午就不能再乞食和進食，一天只進食一次，哪怕「午時日影過一發一瞬」也是「非時」，如果在非時乞食和進食就是犯戒。佛教認為，從早晨至日中為「時」，從日中至後夜為「非時」，日中午時是僧人進食的一個時間界限。當太陽在中天時，既是時，又是非時，如果在午時進食，當進食到吞嚥食物的瞬間，已是非時了，所以這時進食也是犯戒。

過午不食這條規定的來歷，在佛經中有許多不同的説法。《增一阿含經》和《五分律》上記載了這樣一個故事：

在佛教創始時，並沒有關於非時食的禁戒。當時，有一位僧人名叫迦留陀夷，據説是釋迦牟尼未出家前的老師。這位僧人臉色極黑，兩眼赤紅，穿一身雜色僧服，有一天，天很晚了他才出門乞食，當來到一家門口時，天色昏暗，又雷電交加，這一家的主婦，已經懷有身孕，在電閃雷鳴中看到這位僧人的凶相，以為是見了鬼，十分害怕，以至於流產。為此，她大聲責問來者是什麼鬼，僧人連忙解釋，説自己不是鬼，是佛門弟子，前來乞食，婦人聽後十分氣憤，破口大罵。釋迦牟尼聽到這件事後很生氣，狠狠地斥責了這位僧人，並規定，自此以後，

過了日中，就不能再乞食和進食了。而《毗羅三昧經》則是這樣説的：釋迦牟尼在世時，摩竭陀國國王瓶沙王有一天問佛陀，為什麼要在日中吃飯。佛陀回答説：「早起諸天食，日中三世佛食，日西畜生食，日暮鬼神食。」佛教認為，日中進食是和三世佛祖一起吃飯，而過了中午就是和畜牲一起吃飯了，到了晚上就是和鬼神一起吃飯了。

佛教關於過午不食的規定是十分嚴格的，《舍利弗問經》中説：如果僧人在非時向人乞食，就是破戒，如同盜竊了人家的財物一般，而如果施主在非時向僧人施捨食物，僧人接受了，也是犯戒，而施主也不會得到任何福德。如果僧人在規定的時間內乞討得來了食物，但等到非時再吃，那罪過就更大了，這種行為猶如「餓鬼」，決不是佛門弟子能做的。

乞食和過午不食是佛教初傳時關於飲食方面的兩項重要內容。隨著佛教的發展，這兩條規定與僧人實際生活的需要產生了衝突，因此，它們也不可能得到嚴格的遵守。乞食僅僅成為一部分以修苦行為主的頭陀僧的行為，而廣大的僧人則過著以寺院為中心的較穩定生活。

東晉的法顯僧人到印度等地取經，他這樣記載看到的情形：在印度，佛教僧人從國王及廣大施主那裡得到大量的田宅和民戶，他們依靠這些田莊收入就可以滿足吃穿需要，根本不需要乞食。到了唐朝初年，著名僧人玄奘（唐僧）赴印度求法時，其情況依然如故。《大慈恩寺三藏法師傳》記載：伽藍數乃千萬，壯麗崇高，此為期極（指那爛陀寺，當時印度佛教的中心）……建立以來，七百餘載，國王欽重，舍百餘邑，充其供養；邑二百戶，日進粳米、酥、乳數百石。

很清楚，在唐時的印度，佛寺林立，每座寺院都占有很多的田產和供其役使的農民，這些農民向寺院供給衣食等一切生活必需品。像玄奘這樣備受尊敬的「三藏法師」，不僅食物供應充足，而且有專人侍奉，出門有象車代步，乞食更用不著了。

佛教傳入中國後，乞食已極為少見，但過午不食的規定在一定程度上還堅持著。《翻譯名義集》記錄了這樣一件軼事：宋文帝請僧人吃飯，開飯時間晚了點，眾僧以為天色晚，都不吃飯。宋文帝說：「現在還是日中啊。」僧道生說：「外面大太陽照著，誰說不是日中？」於是取缽盂開始吃飯，

其他僧人也跟著吃了起來，宋文帝十分高興。

目前可知，起碼在南北朝時候，中國的僧人還是遵守了過午不食的規定的，不過已經不那麼嚴格了。

「一日不作，一日不食」

僧人該不該自己勞動耕作，對這個問題佛教界爭論了很長時間。傳統的佛教教義認為，耕田會殺生無數，破壞修行。但許多僧人認為，為了衣食的需要，通過勞動來保證供給是完全合理的。唐朝以來，特別是禪宗興起後，中國佛教的情況有了根本性的變化。

禪宗對僧人參加生產勞動是十分推崇的。禪宗四祖道信的弟子 500 餘人全靠自己勞動生活，維持禪修。五祖弘忍更是親自和弟子一起勞動，夜晚則進行修禪。唐憲宗時，禪宗著名僧人百丈懷海提出了「一日不作，一日不食」的主張。在這種思想影響下，中國禪宗僧人，包括駐寺的高僧，都要平等地參加生產勞動。在這種歷史背景下，原始佛教「日中一食」，「過午不食」的規定就再也難以堅持。在繁重的體力勞動下，一日一餐是無法負擔其體力消耗的，在唐朝，禪僧已是一天吃兩頓了。

不食葷腥

在印度佛教中，齋的原意是指「過午不食」，在日中進食就是吃齋。但在中國佛教的發展中，齋的內容逐漸從節制飲食的過午不食為主，演變為以素食為主，即不食魚肉等葷腥。原始佛教並沒有禁止吃魚肉的律條，在古代印度，僧人的食物分為五種「正食」和五種「嚼食」兩類。五種「正食」指煮熟的母飯（米飯）、麥石飯、炒米粉或麵粉、餅和肉；五種「嚼食」則指可以生吃的蔬菜瓜果。正食就是主食，而五種主食中就包括肉。

釋迦牟尼的堂弟提婆達多與佛對立，他反對釋迦牟尼的理由之一就是釋迦牟尼及其弟子都食用乳酪一類的乳製品和魚肉，認為這是奪取嬰兒及幼畜食物和殺生的行為。這些記載都說明，佛教在印度是不禁止食用魚肉的。但是據另一部佛教律典《十誦律》講，僧人只准吃三種淨肉，即不是自己殺的，不是親眼見到別人殺的，不是親耳聽說別人殺的這三類牲畜的肉。

佛教傳入中國以後，開始時僧人還是允許吃肉的。到南朝梁武帝時，中國僧人吃魚肉還是極為常見的事。梁武帝對佛教十分虔誠，他根據佛教經文，以及佛教關於業報輪迴的理論，撰寫了四篇《斷酒肉文》，提出了禁止僧尼「食一切肉」的主張，他認為僧尼嗜食酒肉是「違於師教」，是「自行不善，增廣諸惡」，是「違背經文」，是「披如來衣，不行如來行」，是與「盜賊不異」的假僧人的行為。他以皇帝的權威下令，嚴禁僧尼飲酒食肉，為此，他召集僧尼 1448 人在皇宮「鳳莊門」集會，親臨會場，令高僧宣讀《斷酒肉文》。文章揭露了僧人食魚肉、飲酒的種種劣跡，表示今後再有飲酒吃肉的，一律按王法處置，而且表示，要拿那些年紀老、弟子眾多的高僧開刀，因為懲治一個無名小僧，用處不大，只有懲罰有名望的高僧，才能達到「驚動視聽」的效果。

禁止飲酒

僧人不得飲酒是佛教通行的一條根本大戒，五戒、十戒及比丘戒中都有禁止飲酒的戒律。這表明，無論是在家的居士，還是初出家的沙彌，以及比丘僧尼都不准飲酒。據戒律規定，飲一滴酒也是犯戒，甚至手拿酒器請別人喝酒都不可以。

不過，在中國，僧人禁酒的律令不見得被嚴格地執行。《西遊記》中寫到唐太宗送玄奘西天取經，為他斟酒。玄奘道：「陛下，酒乃僧家頭一戒，

貧僧自為人,不會飲酒。」太宗道:「今日之行,比他事不同。此乃素酒,只飲此一杯,以盡朕奉餞之意。」於是,玄奘也就把酒喝了。從《西遊記》中看,中國古代有「葷酒」和「素酒」的區別,素酒指用葡萄等果品釀的酒,這種酒連唐僧偶爾也喝幾杯,而他的幾名弟子雖然嚴守齋戒,對素酒卻是來者不拒。

不飲蟲水

佛教對飲水一事也十分重視,因為病從口入,飲用不乾淨的水會妨害生命。佛教將水分為三種,第一種稱「時水」,即當時飲用的水,這種水必須過濾,認為可用才能喝;第二種稱「非時水」,是當時不用,儲存起來供以後飲用。這種水經過過濾後,要盛放在一個清洗過的淨瓶中,上面加蓋,安置在一個乾淨的地方,需用時要再三漱口後才能飲用;最後一種是「觸用水」,是專門用來洗手或清洗器具用的水,這種水要用專門的器具盛放,不能與淨水放在一起,更不能飲用。看起來,早期佛教徒就很懂得飲用水的衛生了。

佛教把飲用未過濾、有蟲的水認為是犯戒,稱「飲蟲水戒」。佛教中有這麼一個故事:有兩個比丘,結伴前往佛陀所在地。路途中口渴難忍,走到一水井前,一比丘涉水便飲,另外一個看見水中有蟲就不喝水。飲水的僧人對他說:「你為什麼不喝水?」那個人說:「佛祖定下的戒律,不能喝有蟲的水。」飲水的僧人勸說他:「長老但喝無妨,如果不喝,就渴死了,還能見到佛祖嗎?」這個人卻十分堅定,說:「我寧可死了,也不能破壞佛所制定的戒律。」結果,這位比丘果然乾渴而死,喝了水的比丘一個人來到佛的住地,見到釋迦牟尼跟他述說了上面的情況。佛說:「那位已經去世的比丘已經升天有 33 天了,成就了金身。你雖然見到了我,但因為放縱自己的行為,不遵守戒律,實際上離我更遠了。」

這個故事說明,佛教對僧人的飲水是非常重視的,正因為這樣,僧人在受比丘戒後,要像備齊三衣一樣準備一件濾水囊,外出的時候隨身攜帶,以便過濾飲用水。濾水囊又稱濾水袋,是用細絹做成,開頭像杓子,用法是「用絹五尺,兩頭立柱,釘鉤著帶系上,中以橫杖撐開」。佛律規定,若沒有濾水囊,僧人不得外出超過 20 里。但中國僧人攜帶濾水囊的則較少。

僧人如何進食

佛教僧人進食，要經過這樣的過程：早晨，鐘鳴三下算是進食的信號，這時，僧人要停止一切活動。首先洗手，穿戴整齊，一般穿三衣中的七條衣，即郁多羅僧，再洗淨缽盂，洗後用餐巾擦乾淨，端在胸前，然後走向齋堂，路上不能喧嘩嬉笑。進入齋堂後，根據僧人的職序依次進入指定位置，將缽和餐巾放置在餐桌上，站立合掌。

飯前，要焚香禮拜，念「供養咒」，並由執事僧從佛前供的飯食中取出 7 粒米，放在齋堂外的廊下，名為「施六道」，這以後方可進食。

僧人們吃飯時要「觀想」，又稱「三觀」，也有稱「五觀」。佛教律書上說，出家比丘要吃飯時，首先要「觀食」，否則就是犯戒。「三觀」是：一觀食，觀想自己的功德多少，思量食物的來之不易；二觀身，思量自己的德操，如何補不足；三觀心，要思想如何防止貪心而不犯過失。「五觀」比「三觀」多了兩樣。一是「正視良藥」，即把吃飯看成吃藥一樣，是為了滋養身體；二是「成道業」，把吃飯看成修行，是為了成就道業。

吃完飯後，聽鐘聲停時才可起立，然後念「結齋咒」，排隊離開齋堂。飯後漱口不能發出聲音；不能把漱口水吐在缽盂裡；返回禪房的路上也不能喧嘩嬉笑。

回到住處，要先將袈裟脫下整理好，然後清洗缽盂和匙，洗缽盂先用清水洗，然後用皂莢汁洗。夏天洗缽要用新鮮水，以防生蟲。缽洗乾淨後要安置在清潔處，不能放入餐巾等任何東西。

用餐的分量也要注意，既不能過飽，過飽會使身體腫脹，經脈不通；也不能過少，過少會讓身體羸弱，思慮飄忽。僧人進食一律平等，上座、比丘和其他僧人沒有任何分別。

僧人們吃飯的規矩雖多，但仔細思考，不能大嚼大嚥等規矩，都是有利於身體健康的。

禪茶一味

習禪飲茶，旨在明心見性；煮茶蘊情，遞茶道禪；雖在不言，禪味俱盡。

佛家修煉的清靜無為、澄和明淨，與茶的品性相向。茶和禪是同一的，它們在精神層面上達到了和諧相契。茶與禪日益相融，最終凝鑄成流傳千古、澤被中外的「禪茶一味」禪林法語。「茶意即禪意，舍禪意即無茶意。不知禪味，亦即不知茶味。」在悟上，茶與禪達到了相通。品茶成為參禪的前奏，參禪成了品茶之目的，二位元一體，到了水乳交融的境地。禪是本分事、平常心，喝茶也是本分事、平常心。在本分事中保持平常心，通過平常心體悟自性的本來清靜，這就是禪，也就是「禪茶一味」的思想。

■ 天然純淨花草茶

喝花草茶除了感受那份幽雅的情調之外，人們還將花草茶視為藥茶，用來保健養身。大多數的花草來源於野生，但也有一些是由人工特別栽種的。花草茶在生產和製作過程中不加任何添加劑、人工香料和色素，成品自然是純天然的，沖泡時會有賞心悅目的樂趣。

風味鮮果茶 把鮮果茶沖泡好後，加入話梅略拌一下，等 3 分鐘左右，就是一杯好喝的蜜餞鮮果茶了。鮮果茶熱飲或冷飲均可，蜜餞也可使用無花果、金橘乾等，依口味而定，主要的功能只是用來增添風味而已。

滋潤鮮果茶 鮮果茶用熱開水沖泡後，加入適量蜂蜜或冰糖，此為熱飲；調好後加冰塊，即為冷飲的喝法。另外，如果時間充裕，也能放入冰箱冷卻飲用，這是鮮果茶最基本的飲法。

■ 多姿多彩鮮果茶

在紅茶中加入新鮮水果，味道爽口不膩，是老少皆宜、美味健康的飲品。鮮果茶迷人之處在於它口味的多樣和口感的清爽，而且大部分水果都可用來製作鮮果茶。以下介紹幾個常見的鮮果茶：

水果布丁鮮果茶 鮮果茶調成冷飲後，加入適量水果，強化鮮果茶的口感。如水果果粒、水果丁或水果切片皆可，主要看鮮果茶的種類來選擇，比如草莓口味的鮮果茶，可以加入酸性的奇異果（獼猴桃）果粒或是甜橙片等。

果醬鮮果茶 把鮮果茶沖泡好後，加入蘋果果醬或其他果醬 1 小匙，攪拌後飲用。

■ 高貴典雅加味茶

加味茶的種類繁多，口味也千變萬化，與花草茶或鮮果茶的不同在製茶過程中，它只將花香或果香烘焙入茶中，而非使用完整的天然鮮果植物作材料。不少加味茶在烘培時會添加一些香料，所以它的口感會比純天然的花草或鮮果更香濃，而這正是加味茶的魅力所在。

▌金盞草茶

擷取部位：金盞草花瓣

烹調：花瓣可將米飯、素魚湯、素肉湯等染成紅花色；葉則可撒入沙拉和菜中。

醫療：浸劑可以幫助消化，也可用來製作治療牙齦的漱口水。

▌茉莉茶

擷取部位：茉莉花花瓣、花萼

美容：萃取的精油是香水的主要成分，芳香治療師認為它可消除抑鬱，有助身體放鬆；對乾性或敏感肌膚及緩解疲勞有幫助。

醫療：花茶可清洗眼睛，葉和根可退燒及治療燒傷。月經前一周，早或午餐後天天喝茉莉花茶，能有助於經期順利、減輕疼痛，卻不影響睡眠。

▌黑天葵茶

烹調：花可拌沙拉，葉和嫩莖可當作蔬菜食用。

美容：用於化妝品可保養乾燥皮膚。

醫療：根的浸出液對胃潰瘍、咳嗽、腹瀉、失眠均有療效。

▌洋甘菊茶

擷取部位：洋甘菊花瓣

美容：花的煎劑有潤髮功效，可軟化並漂白因陽光或風吹造成的皮膚損傷。

醫療：花茶有助消化和鎮定功效，可消惡夢、止失眠。

▌薰衣草茶

擷取部位：薰衣草花朵

烹調：花朵可做成蜜餞來點綴食物。

家庭：將乾燥花放進香袋或抽屜，或者混合香料置於香枕和亞麻香袋中作為薰香材料。

美容：可製成化妝水。

醫療：飲用後可緩和頭痛並鎮靜神經。

▌迷迭香茶

擷取部位：迷迭香花、葉

烹調：用鮮花可拌沙拉。

美容：用來沐浴可促進血液循環。

薰香：葉子可加入混合香料。

醫療：可增加敷用處的血流量而促進循環、減輕疼痛，並幫助消化脂肪。

調味料和醬汁

在製作齋菜時，會用到一些調味料和用於佐味的醬汁，它們極大地豐富了菜肴的風味。學會齋菜調味料和醬汁的製作方法，能節省時間，使菜肴製作過程更簡單，效果更好。（※ 醬汁調配方法可依各人喜好微調）

滷水汁

材料：

冰糖 200 克，鹽 120 克，美極鮮醬油 200 克，老抽醬油 20 克，花椒 10 克
八角 10 克，肉桂 8 克，陳皮 6 克，丁香 8 克，豆蔻 12 克，草果 6 克，香茅 6 克
南薑 10 克，沙薑（山柰）12 克，砂仁 8 克，甘草 6 克，小茴香 12 克，羅漢果 4 個
滷水汁（已做好留用的）250 克，素湯 10000 克，紅麴米 4 湯匙，香菜 50 克
芹菜 100 克，薑 100 克，乾紅椒 6 支，沙拉油 240 克

作法：

1. 將花椒、八角、丁香、肉桂、陳皮、豆蔻、草果、香茅、南薑、沙薑、砂仁、甘草
2. 小茴香、羅漢果、乾紅椒洗淨後分別裝在兩個紗布袋裡，紅麴米用紗布包好。
3. 鍋上火，放入沙拉油，燒至 5 成熱時，放入香菜、薑、芹菜炸出香味，加鮮湯，再
   放入醬油、冰糖、鹽、香料袋、紅麴米袋，用小火煮滾約 4 小時，至香味四溢，放
   入滷水汁，撈去薑、香菜、芹菜即成。

刀口海椒

材料：

乾海椒 500 克，乾花椒 200 克

作法：

1. 乾海椒剪成一段段的小節，揉去海椒
   籽。
2. 鍋內倒入適量油燒至 3 成熱，放入乾
   海椒炒至棕紅色，瀝去餘油，將海椒倒
   入大盤中放涼。
3. 倒入適量油燒至 3 成熱，下花椒炒至
   棕紅色，濾去餘油放涼。
4. 將炒好的海椒、花椒倒在一起放在墩子
   上，用刀剁成碎末，放入炒海椒、花椒
   的餘油拌勻，即成刀口海椒。

糊辣油

材料：

素油 25000 克，乾海椒段 5000 克
乾花椒 500 克，薑 1000 克，香菜 500 克
芹菜 1000 克，八角 50 克，草果 25 克
小茴香 25 克，月桂葉 20 克，肉桂 20 克

作法：

1. 將乾海椒段用溫水泡軟後，用刀斬成粗粒；乾花椒用溫水浸泡，各種香料也泡透；薑拍破，切段備用。

2. 素油倒入大鍋中燒至 8 分熱，放涼，再上火燒至 3 成熱，下入薑、八角、香菜和剁好的海椒，用鍋鏟不斷翻動至完全炸乾水分。

3. 撈出油裡的薑、八角、香菜、海椒丟棄，下入泡好的各種香料炸乾水分，再倒入泡好的花椒炸乾水分，即成糊辣油。

山椒汁

材料：

薑 50 克，芹菜 100 克，鮮沙薑 50 克，當歸 50 克，開水 2000 克，月桂葉 5 克
味精 50 克，七味粉 50 克，野山椒 5 瓶，白醋 200 克，胡椒粒 20 克，八角 10 克
鹽 50 克，草果 1 粒

作法：

1. 開水倒入鍋中，放涼備用。

2. 野山椒剁細；薑拍破；芹菜切段；當歸切片；草果去籽。

3. 剁好的山椒、薑、芹菜、當歸倒入涼開水中，調入味精、七味粉、胡椒粒、白醋、鹽和各種香料浸 5 小時，即成山椒汁。

大料油

材料：

花生油 2500 克，薑 200 克，月桂葉 20 克
八角 40 克，肉桂 20 克，草果 10 克
小茴香 10 克

作法：

1. 將薑拍破，各種香料用溫水泡軟。
2. 花生油入鍋燒熱，下各種香料和薑，用小
   火熬乾水分，即成大料油。

複製白醬油

材料：

白醬油 2500 克，清水 1000 克，薑 200 克
八角 30 克，肉桂 10 克，月桂葉 5 克
草果 5 克，味精 100 克，冰片糖 100 克

作法：

1. 將白醬油和清水一起倒入鍋內，下各種香料、
   薑，用小火熬 2 個小時。
2. 加冰片糖、味精調味即成複製白醬油。

複製紅醬油

材料：

老抽醬油 200 克，淡醬油 1000 克
白醬油 500 克，美極鮮醬油 50 克
草果 2 克，冰片糖（蔗糖的一種）100 克
月桂葉 5 克，清水 500 克，七味粉 100 克
薑 50 克，八角 10 克

作法：

1. 老抽醬油、淡醬油、清水倒入鍋中，再放
   入各種香料和白醬油、冰片糖、薑。
2. 小火熬 2 小時，起鍋前加美極鮮醬油即成。

紅油

材料：

素油 2500 克，海椒粉 5000 克，老薑 1000 克，香菜 500 克，芹菜 1000 克
八角 50 克，小茴香 25 克，肉桂 50 克，草果 25 克

作法：

1. 薑拍破，香菜與芹菜均切成段；各種香料用冷水泡透備用。
2. 大鍋下素油燒熱，下薑、芹菜、香菜炸至金黃色，去掉渣料不要。
3. 油燒至 7 成熱，將各種香料放入油中炸乾水分，待香味釋出時撈出香料。
4. 將油溫再次燒至 7 成熱，關掉火源，下入 2000 克乾海椒粉炸香，待油溫降到 5 成熱，再下 1500 克海椒粉。
5. 油溫降到 3 成熱時，倒入剩下的 1500 克海椒粉，將炸好的香料倒入油中，放涼即成紅油。

泡薑

材料：

新鮮生薑 10000 克，芹菜 1000 克
清水 5000 克，鹽 500 克，八角 150 克
月桂葉 10 克，冰糖 200 克

作法：

1. 薑洗淨，晾乾表面水分；芹菜洗淨；5000 克清水倒入鍋內，加鹽、冰糖燒開放涼待用。
2. 薑、芹菜裝罈子裡壓緊，倒入涼透的鹽水，放香料，置陰涼處 30 天即成。

剁椒味汁

材料：

雲南小米椒 50 克，清湯 20 克
薑、複製醬油各 5 克，香辣醬 10 克
鹽、白糖各 2 克，味精、香醋各 3 克
糊辣油 10 克

作法：

1. 將小米椒去蒂剁細末；薑剁細。
2. 取一調味缽，加入清湯，放醬油、味精、
   白糖、香醋、香辣醬、小米椒、薑、鹽、
   清湯，調勻放糊辣油即成。

鮮椒汁

材料：

小米椒 20 克，鮮花椒 30 克，薑
白糖、美極鮮醬油各 10 克，沙拉油 50 克
鹽、十三香、孜然粉、蠔油各 5 克
味精 15 克，清湯 200 克

作法：

1. 小米椒切小節；薑切片。
2. 炒鍋上火，加沙拉油燒至 6 成熱，下入小
   米椒、薑、鮮花椒，煸出香味，下清湯，
   調入味精、白糖、十三香、孜然粉、鹽、
   美極鮮醬油、蠔油拌勻即成。

泡紅辣椒醬

材料：

鮮二金條紅辣椒 10000 克，清水 5000 克，鹽 1000 克，芹菜 500 克
冰片糖（蔗糖的一種）200 克

作法：

1. 紅辣椒洗淨，晾乾表面水分；將 5000 克清水加鹽、冰片糖熬開，放涼備用。
2. 將晾好的紅辣椒放入罈中壓緊，倒涼透的鹽水和芹菜，放陰涼處 30 天即成。

豉香汁

材料：

薑 20 克，泡紅辣椒 50 克，磨豉醬 1 瓶，陽江豆豉 5 袋，蠔油 30 克
十三香 10 克，雞精 10 克，沙拉油 250 克，清湯 500 克，白糖 20 克
鹽 10 克，味精適量

作法：

1. 老薑剁細；泡辣椒去籽切段，備用。
2. 沙拉油倒入鍋中，至 6 成熱時下薑末、泡海椒段煏香，再加豆豉、磨豉醬
   煏香，摻入清湯，調入白糖、蠔油、鹽、味精、雞精、十三香攪拌均勻即
   成豉香汁。

酸辣汁

材料：

味精 5 克，複製紅醬油 20 克，美極鮮醬油 5 克，香醋 10 克，七味粉 5 克
鹽 3 克，紅油 20 克，糊辣油 10 克，清湯 20 克，白糖 5 克

作法：

1. 取一調味缽倒入清湯，下鹽、味精、白糖、七味粉調散。
2. 再調入複製紅醬油、美極鮮醬油、香醋，調好澆入紅油、糊辣油即成。

紅油味汁

材料：

鹽 2 克，白糖 2 克，味精 5 克，七味粉 2 克，香油 5 克，複製紅醬油 20 克
美極鮮醬油 5 克，紅油 30 克，清湯 20 克，複製白醬油 10 克，熟芝麻 5 克

作法：

1. 取一調味缽倒入清湯，放鹽、白糖、七味粉、味精調散。
2. 再調入美極鮮醬油、複製紅醬油、複製白醬油攪拌均勻。
3. 最後放入熟芝麻和紅油、香油調勻即成。

麻辣味汁

材料：

刀口海椒、複製紅醬油各 20 克，香油
鹽、芝麻醬、白糖各 5 克，大料油 3 克
紅油 15 克，糊辣油 10 克，味精 3 克
雞精 3 克，清湯 30 克，花椒油 10 克

作法：

1. 將清湯放入調味缽中，調入刀口海椒、
   鹽、味精、白糖、雞精、芝麻醬化開。
2. 加複製紅醬油、香油、大料油、紅油、
   糊辣油、花椒油調拌均勻，成麻辣味汁。

芥末味汁

材料：

雞精 3 克，味精 2 克，青芥末 10 克
複製紅醬油 10 克，白糖 5 克，辣椒 5 克
白醋 10 克，薑油 15 克，糊辣油 5 克
香油 5 克，清湯 10 克，芥末油 10 克
鹽 2 克

作法：

1. 取一調味缽倒入清湯，放入青芥末、鹽、
   雞精、白糖、味精化開。
2. 調入複製紅醬油、白醋、辣椒、糊辣油、
   薑油、芥末油、香油，調勻成芥末味汁。

陳皮味汁

材料：

薑 30 克、鮮橙 250 克、清湯 250 克
乾海椒 30 克、鹽 20 克、陳皮 20 克
冰片糖（蔗糖）50 克、白醋 10 克
濃縮橙汁 30 克、沙拉油 100 克
乾花椒 10 克

作法：

1. 將乾海椒剪段、去籽；陳皮泡軟切碎；
   鮮橙榨成橙汁；薑切末，待用。
2. 炒鍋上火，沙拉油燒至 6 成熱，下乾
   海椒、乾花椒和泡好的陳皮煸出香味，
   倒入清湯，調入鹽、冰片糖、白醋、濃
   縮橙汁、榨好的鮮橙汁調勻即成陳皮味
   汁。

糊辣汁

材料：

薑 20 克，清湯 1000 克，鹽 30 克，蠔油 50 克，冰片糖 100 克，八角 10 克
白醋 200 克，乾海椒 30 克，乾花椒 20 克，豆瓣醬 50 克，胡椒粉 20 克
月桂葉 3 克，肉桂 5 克，草果 2 粒，沙拉油 250 克，香油 30 克
糊辣油 100 克

作法：

1. 將薑切片；乾海椒切段，去籽。
2. 炒鍋上火，摻入沙拉油燒至 7 成熱，下薑片、豆瓣醬，煸炒出香味，摻入清
   湯燒沸，挑去渣料。
3. 另起炒鍋摻入油，將各種香料、乾海椒段、花椒煸出香味，倒入豆瓣汁內，
   調入鹽、蠔油、冰片糖、胡椒粉、糊辣油、白醋、香油熬製均勻，即成糊辣汁。

甜辣汁

材料：

清湯 50 克，大料油 20 克，味精 10 克
糊辣油 30 克，番茄醬 300 克，鹽 20 克
Tabasco sauce 1 瓶，桂林醬 250 克

作法：

1. 取一調味缽倒入清湯，加鹽、味精化開。
2. 放桂林醬、番茄醬、Tabasco sauce 調勻，
   澆大料油、糊辣油，調勻即成。

香橙汁

材料：

新鮮柳丁 250 克，清水 500 克，鹽 10 克
白醋 50 克，白糖 50 克，鮮橙粉 100 克
橙香精 3 克

作法：

1. 清水加白糖燒開放涼；新鮮柳丁切成片，
   放入冷水中浸泡後取水。
2. 將鹽、白醋、鮮橙粉、橙香精調入用鮮橙
   浸泡過的冷水中即成香橙汁。

醬香味汁

材料：

清湯 500 克，複製紅醬油 10 克，八角 2 粒
鹽、味精、雞精、白糖各 5 克，薑、蠔油
香油各 20 克，花生醬 30 克，月桂葉 5 片
沙拉油 100 克

作法：

1. 薑切成片；八角、月桂葉用水泡軟。
2. 炒鍋上火，倒入油燒至 6 成熱，下薑片、
   香料煸香，再倒入清湯。
3. 調入鹽、味精、雞精、白糖、蠔油、花生
   醬、複製紅醬油、香油攪拌均勻即成。

烤椒汁

材料：

白糖、香油各 5 克，青辣椒、紅辣椒
複製白醬油、糊辣油各 30 克，薑、芹菜
香醋各 10 克，清湯、鹽、味精各 20 克
雞精適量

作法：

1. 將薑剁細末；芹菜切細末；青、紅辣椒
   入烤箱烤至發白後剁細末。
2. 取一調味缽，倒入清湯，下薑、芹菜、
   青紅辣椒末。
3. 調入鹽、味精、雞精、複製白醬油、白
   糖、糊辣油、香油、香醋調製均勻即成。

小椒汁

材料：

小米椒 30 克，芹菜 20 克，鹽 10 克，味
精 10 克，美極鮮醬油 5 克，大紅浙醋 20
克，Tabasco sauce 5 克，白糖 5 克

作法：

1. 先將小米椒、芹菜切成小段，用大紅浙醋
   醃 4 小時。
2. 將醃好的小米椒放入盆內，加入鹽、味精、
   美極鮮醬油、Tabasco sauce、白糖調勻即成
   小椒汁。

鮮味汁

材料：

鹽 5 克，白糖 2 克，香油 5 克，大料油 5 克，薑油 10 克，美極鮮醬油 3 克
味精 2 克，雞精 5 克，清湯 10 克

作法：

1. 取一個調味缽，放入清湯，調入鹽、白糖、味精、美極鮮醬油、雞精化開。
2. 加入香油、大料油、薑油調勻即成。

醋漬汁

材料：

鹽 10 克，香醋 30 克，上海辣醬油 50 克，美極鮮醬油 10 克，淡醬油 20 克
冰片糖（蔗糖）20 克，味精 10 克，老薑 20 克，Tabasco sauce 2 瓶
清水 250 克，雞精適量

作法：

1. 老薑拍破，加鹽、冰片糖、清水燒開放涼。
2. 在放涼的糖水內加香醋、上海辣醬油、美極鮮醬油、淡醬油、味精、雞精、
   Tabasco sauce 調勻即成。

花椒汁

材料：

薑、鹽、複製白醬油、糊辣油各 10 克
鮮花椒 30 克，清湯 20 克，薑油 15 克
味精、香油、鮮花椒油各 5 克，雞精適量

作法：

1. 將薑、鮮花椒、清湯放入果汁機內打成汁，
   浸泡 5 小時後，瀝去渣料，留汁待用。
2. 取一個調味缽，倒入鮮花椒汁，加入鹽、
   味精、雞精、複製白醬油、香油、糊辣油、
   薑油、鮮花椒油調勻即成。

青芥汁

材料：

鹽 10 克，白糖 150 克，白醋 200 克
辣根 50 克，芥末油 5 克，清水 250 克
糊辣油 15 克

作法：

1. 清水加入白糖、鹽燒開，放涼即成糖水。
2. 辣根加白糖化開，再加白醋、糊辣油、芥
   末油，摻糖水即成青芥汁。

魚香汁

材料：

泡生薑、芹菜、白糖各 10 克
味精、香油各 5 克，清湯、紅油
番茄醬各 20 克，鹽 3 克，香醋
複製紅醬油各 15 克，泡辣椒 30 克
白醋適量

作法：

1. 將泡辣椒、泡生薑剁細，放入炒鍋中煸香，放涼；芹菜分別切細，捶成泥備用。
2. 取一調味缽，倒入清湯，放入煸好的泡辣椒、泡生薑、鹽、白糖、味精、白醋、番茄醬炒散開，再調入複製紅醬油、香油、香醋、紅油炒拌均勻即成。

薑醋汁

材料：

老薑 50 克，陳醋 10 克，鹽 10 克
大紅浙醋 15 克，白糖 5 克，糖 5 克
味精 10 克，香油 5 克，薑油 20 克
複製紅醬油 20 克，雞精適量

作法：

1. 將老薑去皮，剁成細末，加入大紅浙醋醃 2 小時至出味。
2. 取一個調味缽，放入用薑末泡好的浙醋，加入鹽、陳醋、白糖、味精、雞精、複製紅醬油、香油、薑油調製均勻即成。

豆瓣汁

材料：

泡薑、味精各 10 克，
鹽、香油、大料油、白糖各 5 克
複製紅醬油、香醋各 20 克
乾海椒、紅油各 30 克
豆瓣醬 50 克，清湯 100 克

作法：

1. 乾海椒剪成段，去籽，用溫水泡軟備用；將豆瓣醬、泡薑全剁成細末，加入泡好的海椒段醃製 12 小時。
2. 取一調味缽倒入清湯，調入醃好的豆瓣醬，加鹽、味精、複製紅醬油、白糖、香油、大料油、香醋、紅油調製均勻即成。

冷熗汁

材料：

乾海椒 15 克，乾花椒 5 克
花椒油 10 克，鹽 5 克，香油 5 克
薑油 50 克，味精 10 克，薑 20 克

作法：

1. 將乾海椒剪成段，去籽和乾花椒用水泡軟；將要冷熗的菜肴拌入鹽、味精、香油、花椒油待用。
2. 炒鍋上火，加薑油燒燙，將薑切片，放入油中，再加泡軟的乾花椒、海椒煸出香味，趁熱倒入拌好味的材料中密封半小時，即成冷熗味的菜肴。

甜醬味汁

材料：

甜麵醬、清湯各 200 克，大料油、花生醬各 100 克，白糖 30 克，味精 10 克

作法：

1. 熱鍋，加入甜麵醬、大料油、清湯，用小火熬香。
2. 放涼後調入花生醬、白糖、味精，攪拌均勻即成。

基本材料簡介與事前處理

筍類和菌類是佛齋中許多菜肴的主要材料，了解它們的形態特點、營養功效和事前處理方法，將更有益於合理搭配使用，獲得最佳的養生效果。

■ 材料簡介

竹筍

又稱筍，為竹類的嫩莖和芽。生出地面的嫩莖稱筆桿筍；竹鞭節上生的芽，冬季在土中已肥大的稱冬筍；春季突出地面向上生長的稱春筍；夏秋間橫向生長的新鞭，其先端部分稱為鞭筍。產於中國長江流域及廣東、廣西、雲南、貴州等地。可供食用的主要有毛竹筍、淡竹筍、慈竹筍、麻竹筍、綠竹筍等。

竹筍味甘，性微寒，質脆，含有蛋白質、碳水化合物、無機鹽和多種維生素等，具有清肺、化痰、利尿的功效，可鮮食，也可製成筍乾、鹹筍和罐頭食品。在菜肴製作中經常使用的有罐頭鮮筍和筍乾。筍乾用嫩筍乾製的稱為蘭片，按生長季節和選擇部位不同，蘭片又分為春片、桃片、冬片、尖片、蘭藻、筍衣等，其中尖片（又稱玉蘭片）為上品。竹筍適用於炒、燒、爆等多種製作方法，經常作為高檔菜肴的配料。

馬蹄筍

又稱壽桃筍、綠竹筍。筍大而肥，因形如馬蹄而得名。馬蹄筍肉質細嫩，味美可口，素有「浙南佳肴」之美稱，相傳在嘉慶年間曾被稱為「玉筍」，列為貢品。馬蹄筍營養豐富，含有蛋白質、脂肪、鐵、鈣、磷和多種維生素等。主要分布於浙江、福建、雲南、貴州等地，每年 6 月開始出筍，8 月達到高峰，白露逐漸減少。適用於炒、爆等製作方法。

木耳

又稱黑木耳、耳子、黑菜、桑耳、木蛾，為木耳科植物木耳的子實體。中國黑木耳產地主要有湖北、湖南、貴州、陝西、四川、廣西、黑龍江、雲南、吉林等省區。其中湖北、湖南、四川、貴州為主要產區，湖北產量約占全中國總產量的 70%。黑木耳由於生產的季節不同，有春耳、伏耳、秋耳之分，其品質也有差別，以伏耳品質最好。

黑木耳的品質還由其體形、肉質及有無雜質來確定，凡色黑亮、肉厚、朵大、質嫩、身乾、無碎屑、無黴爛者質為上，反之質差。木耳性味甘、平，有潤肺補氣、補血強精、涼血止血的功效，每百克可食部分約含蛋白質 10.6 克、脂肪 0.2 克、碳水化合物 65.5 克、膳食纖維 7 克、鈣 357 毫克、鐵 185 毫克、維生素 A 0.03 毫克、維生素 B10.15 毫克、維生素 B20.55 毫克、維生素 B32.7 毫克，並含卵磷脂、腦磷脂、甾醇等，還有一定的抗腫瘤活性。黑木耳一般用於菜肴的配料，也是製作素菜的材料之一。

銀耳

又稱白木耳。由菌絲體和子實體兩大部分組成。菌絲體是多細胞分枝分隔絲狀體，由擔孢子萌芽而來，呈灰白色，極細，能在木材和木屑培養基上蔓延生長，吸收和運送養分，最後達到生理成熟，條件適宜形成子實體，子實體即食用部分，是由薄而有皺褶的瓣片組成，有的呈菊花形，有的呈雞冠形，顏色潔白透明，質地光滑彈韌。子實體乾時呈角質，硬而脆，基部有橘黃色耳基。銀耳為名貴滋補品，含有 17 種胺基酸和多種維生素及肝醣。據測定，每百克銀耳中含蛋白質 5

克、脂肪 0.6 克、碳水化合物 79 克、鈣 380 毫克、鐵 30 毫克。臨床醫學證明，銀耳具有補腎、潤肺、生津、提神、益氣之功效。適用於燴、汆、炒、燴等製作方法。

石耳

俗稱岩耳、石花、岩菇，外形扁平、肥大，乍看很像一片光滑的樹葉，背面灰白色或灰綠色，腹面黑褐色或黃褐色，中央有一個粗壯的「臍」。背腹兩面均具皮層；子囊盤黑色，有炭質的囊盤殼，盤面平坦或有各種形狀的溝槽。生長於高山及極地到溫帶岩石上，分布於湖南的張家界、莽山、天平山及陝西秦嶺一帶。石耳為名貴山珍，是餐上的佳肴，享有「素中葷」、「植物肉」的美稱，同時還有治療咯血、紅崩、痢疾、慢性氣管炎和高血壓的作用。適用於炒、燒等製作方法。

香菇

又稱香草、冬菇、花菇、香信，為側耳科植物香草的子實體。香菇在中國分布較廣，主要產於福建、貴州、安

徽、江西、浙江、臺灣、廣東、廣西、湖北、湖南、四川、雲南等地的山林地帶，因生長在冬季（立冬後至第二年清明前），又叫冬菇。其種類有冬花菇、冬厚菇、冬薄菇、平菇之分，是蘑菇中營養價值最高的一種。

香菇常寄生在松、桐、柳、楓等樹木上，以肉厚、邊緣軟、味芳香持久者為上品，適宜炒熟常食。香菇的鑒定一般以體圓、齊正、質乾脆而不碎者為好，因其種類較多，各品種品質又有差別。冬花菇形狀如傘，菇傘頂面上有似菊花一樣的白色裂紋，色澤褐黃光潤，朵小柄短；冬厚菇形狀如傘，頂面無花紋，呈栗色並略有光澤、質嫩，肉厚，朵稍大，品質較次，俗稱為厚菇。冬薄菇朵大，肉薄，色淺褐，平頂，味不濃，質更次，也稱薄菇、平菇。

香菇是世界上著名的食用菌之一，含有一種特有香味物質一香菇精，同時還含有月桂醇、月桂酸、月桂醛。香菇味鮮香，肉質嫩滑，風味雋美，食用清香爽口，為優良的食用菌。香菇性味甘、平，有補氣健脾、和胃益腎的功效，所含麥角甾醇，在日光或紫外光照射下可變為維生素

D，故香菇可作為抗佝僂病食品。它也有降血糖和降膽固醇作用，當中的多糖成分能啟動機體的免疫功能，有較強的抗癌作用。其所含的某種物質對治療感冒有明顯療效，又有利於血液循環，並可降低血液中的膽固醇。香菇炒、燒、做湯均可，常被作為比較高檔菜肴的配料。香菇中的呈味物質為水溶性的腺嘌呤及多種胺基酸，其降血脂有效成分也是水溶性物質，故洗香菇宜水少快洗，泡發香菇的水應留用。

平菇

平菇這一名稱有兩種含義：狹義的平菇，僅指糙皮側耳和美味側耳（紫孢側耳），又稱凍菌、北風菌、楊耳、蠔菌或鮑魚菇；廣義的平菇，還包括佛羅里達側耳（白平菇）、鳳尾菇、元蘑（亞側耳、晚生北風菌）、榆黃蘑（玉皇蘑）等側耳屬內許多可食的種類。早在唐宋時期，平菇即以天花草之名出現在宮廷宴席中。自二十世紀七〇年代以來，由於用棉殼、玉米芯等纖維材料栽培成功，在國內已大面積推廣，地域之廣、發展之快、產量之高都是其他菌類所不能相比的，已成為一種大眾化的食品，且因具有一種類似鮑魚的風味，也時常出現在高級宴席上。

平菇的適應性強，在中國分布極廣，在山區和平原都可採到，一般生長在楊、柳、楓、槭等闊葉樹的枯木、朽椿或活樹的死亡部分，常成簇生。除榆黃蘑外，這幾種平菇均具有大致相似的外觀，菌蓋呈貝殼形或半圓形，暗灰色或淡黃褐色，菌肉白色，菌柄側生；榆黃蘑的菌蓋呈喇叭形，色澤金黃，菌柄較長。元蘑和榆黃蘑的主要產地在東北，目前，已大量進行人工栽培的品種主要是粗皮側耳、美味耳、佛羅里達側耳和鳳尾菇，常用的栽培材料是棉殼、稻草、麥秸等粗纖維的材料，以及廢棉、甜菜渣等工業腳料。

平菇的自然生長季節在每年9月以後，盛產期在10～12月，採收期可延續到次年3～4月，人工栽培可以分為春栽和秋栽，經人工培育，已選出高溫型、中溫型和低溫型品種。一年中，除氣溫最高的7～8月份外，幾乎都能生長。當平菇菌蓋已充分展開，有七、八成熟時，便可採收；過分老熟的平菇質地變韌、風味差。採收的平菇最好以鮮菇上市，或以鹽漬、制罐頭的方法保存，鮮味略遜於鮮菇。鹽漬菇要貯藏在通風涼爽處，並注意調整鹽水濃度，鹽水菇不能浮出水面，否則容易變質。平菇不適於乾製，因平菇纖維老化、浸泡回軟後，質地較韌，口感較差。中醫認為，平菇有追風散寒、舒筋活絡的功效，可治腰疼、手足麻木等症。現代臨床醫學證明，平菇能降低膽固醇、降血壓作用，是老年人心血管疾病和肥胖患者的理想食品。平菇菌體肥大，滋味鮮美，因價格低廉，各地集貿市場上容易買到。適用於製作各種家常菜肴。

元蘑

又稱黃蘑、冬蘑、凍蘑，菌蓋呈半圓形或扇形，新鮮時菌傘厚大，表面色澤較暗，在生長過程中逐漸變成微黃褐色。菌肉白色，菌柄偏心，色白，短小，垂生，秋後霜降前生長在各種闊葉倒木或樹幹上。主要產於黑龍江大小興安嶺和吉林長白山一帶。元蘑的肉質肥厚，香味不甚顯著，適用於炒、焦溜，或燉、燜、燒、汆、燴等。

草菇

又稱美味包腳菇、蘭花菇、麻菇或杆菇，廣東又稱乾草菇為陳菇。草菇是典型的高溫性菌類，以馨香馥鬱、肥嫩鮮美、脆滑爽口、肉質細膩而為人所稱道，是著名的夏季時令鮮品。野生草菇數量不多，人工栽培草菇起源

於廣東韶關的南華寺，已有 200 多年的歷史，後經華僑傳入東南亞一帶和北非，成為世界性菇類，在國際上享有中國蘑菇之稱。

草菇生長極快，要在菌蕾尚未撐破時採收，以冰凍方法保鮮上市，或加工製成罐頭，偏遠山區多烘焙乾製。乾草菇的香味特別濃郁，其品質要求粗壯鮮嫩，乾燥，色澤淡黃有光澤，無焦片，無黴變，無雜質。乾草菇要密封在塑膠袋中，用麻袋包裝，或裝入墊有防潮紙的木箱或馬口鐵箱內，少量菇可貯藏在瓷缸內，底部放上穀殼或無水氯化鈣吸潮。

據測定，每百克乾草菇含蛋白質 37.13克、脂肪 2.06 克、膳食纖維 9.18 克、灰分 12.94 克，以及多種維生素，尤以富含維生素 C 著稱。中醫認為，草菇有消暑去熱、增益健康之功效，並有護肝健胃、解毒抗癌的作用。

金針菇

又名香冬菇、構菌、樸菇、青剛菌或毛柄金錢菌，為典型的低溫性菌類，其質地黏滑脆嫩，風味香醇，為古今中外品嘗者所推崇，在臺灣興起的廣東菜系中還形成了以金針菇為主的「金鮑食譜」。據唐朝韓鄂的《四時纂要》記載，早在 1000 多年前，中國中原地區已成功地進行人工栽培，並流傳到日本。自二十世紀三〇年代以來，日本開始採用瓶栽，在方法上不斷獲得改進，為亞洲各國所效仿。培養出來的子實體柄長蓋小，色澤金黃，形如金針菜，故名金針菇。在自然環境中生長的金針菇，一般生長在楊、柳、榆、構等闊葉樹的樹樁和土中暗根上，常成叢生長。菌蓋約如金錢大小，偶有更大者，表面褐或淡褐色，有黏滑感，菌肉白色，菌柄淺黃褐色，下部革質，口感較粗韌，比人工栽培品質要差。金針菇在中國分布較廣，陝西、浙江、江蘇、湖北有大量人工栽培產品，是當前發展的主要品種，人工栽培的金針菇多採用罐藏加工，以便保持黏滑脆嫩的口感。

據測定，金針菇乾品每百克含蛋白質31.23 克、脂肪 5.78 克、碳水化合物52.07 克、粗纖維 3.34 克、灰分 7.58克，維生素 B2、維生素 C 含量也很豐富。金針菇是當代著名的「健康食

品」，據《中國藥用真菌》記載，有利肝臟、益腸胃的作用，能預防和治療肝臟系統疾病和胃、腸道潰瘍。因為它含有較多的賴胺酸和精胺酸，對促進學齡兒童體質、智力發育和提高學習效率大有裨益，因此又有「增智菇」之稱。金針菇入饌，具有脆嫩、滑、黏、香、甜、鮮等特點，而且色澤淡雅宜人，尤以炒食做湯最為鮮美。

雞腿菇

又稱雞腿蘑、毛頭鬼傘、墨水菌、高腳小傘菌或土包，是一種野生美味食用菌，為東北菌類之佳品，是黑龍江的山珍之一。此菌應選未開傘的幼蕾食用，形如雞腿，肉質細嫩，清香鮮美，乾製後有濃厚的菇香，可與口蘑、香菇比美。開傘後極易潮解，流出黑色液滴，即不能食用。對於某些體質的人來說，食後有輕度毒性反應。

野生雞腿菇多長在肥沃的田野上，也能生長在林中草地、牧場或北方茅草屋頂上。菌體比較大，其幼蕾呈長圓筒形，高6～11公分，寬4～6公分，表面灰白色，有反卷淺褐色鱗片，菌肉厚、白色，菌蓋褐白色，後變粉紅色，菌柄較長，長達7～25公分。老熟時，菌蓋展開，由褐色變成黑色，並潮解成墨水狀液滴。據測定，每百克乾菇含蛋白質26克、脂肪2.9克、碳水化合物65克、粗纖維13.5克、灰分6.1克。此菌有益胃、清神、治痔之功效。適用於炒、燒、燴等製作方法。

猴頭菇

又稱猴頭蘑，是中國稀有的野生名貴食用菌。在中國東北、華北和西南地區都有野生的猴頭菇，以黑龍江省的小興安嶺和完達山出產最多，現在浙江溫州地區已有人工培育。猴頭菇多成長於柞樹等樹幹的枯死部位，喜歡低溫，一般有拳頭大小，在自然條件下生長較慢，但能生長成巨大的菌體。猴頭菇是食用蘑菇中名貴的品種，其質脆嫩香醇，鮮美可口，屬於山珍之一。猴頭菇除含豐富的蛋白質、維生素 B2、維生素 B3 等營養成分外，還含有多肽、多糖類和人體需要的多種維生素，有增強細胞活力、滋補肌體等功效，適用於燒、煮、燉、蒸等製作方法。

榛蘑

又稱蜜環菌、蜜蘑、櫟蘑、根索菌、根腐菌，為針葉樹或闊葉樹的腐根菌。菌為黃褐色，老後為棕褐色，中部有平伏或直立的小鱗片，邊緣具有條紋。菌肉白色，菌褶白色或稍帶肉粉色。菌柄細長，圓柱形，稍彎曲，空心，莖部稍膨大；菌環白色，生柄的上部。夏秋季叢生於榛樹趙子或樹根、倒木上，分布於河北、山西、黑龍江、吉林、浙江、福建等省，以東北的黑龍江、吉林產量最多。榛蘑含水分少，香味濃郁，適用於炒食。

口蘑

為蘑菇的一種，主要產於內蒙古草原及河北張家口一帶，現在中國各地均有人工栽培。口蘑是優質的食用菌，子實體生長時需要適當的溫度，喜酸性土壤，適宜生長在牲畜糞尿和枯草堆中。過去口蘑以張家口為集散地，故名口蘑。優質口蘑新鮮時有濃郁香味，營養豐富，常用作菜肴的配料。

竹笙

又稱「僧竺蕈」、竹參，自然生長於中國西南高原竹林中，是稀有的優質食用菌。竹笙主要產於四川、貴州、雲南，其他省區也有少量發現，但雲南昭通地區生長最盛。目前，竹笙菌已能人工栽培。但每臨夏季，仍可見野生竹笙生於砍伐過的竹林之中。在高產年份，竹笙菌的菌蕾成片成片地伸出地面，茁壯生長，其子實體非常美麗，頭部是濃綠的帽狀菌蓋，中部是雪白的柱狀菌柄，基部為粉紅色的蛋形菌托。在菌柄頂端有一圈細緻潔白的網狀菌裙，從菌蓋下鋪開，整個菇體顯得十分豔麗。

竹笙色澤淺黃，質地細軟，氣味清香，是世界上著名的食用菌菇之一，其中兩個著名的品種是長裙竹笙菌和短裙竹笙菌。竹笙菌含有豐富的蛋白質、脂肪、碳水化合物等營養成分，且有延長湯類食品存放時間的作用，常用於做湯菜或燒、燴、溜等。

松茸

俗稱松蘑、黏團子，菌蓋寬 4 ～ 10 公

分，中央凸起，呈赤褐色，有黏液；菌肉淺黃色，柄長4～10公分，近似柱形，菌環厚；孢子為卵黃褐色，呈橢圓形或近紡錘形。松茸秋季單生或群生於落葉松林地上，分布於中國黑龍江、吉林、遼寧等省，含蛋白質、脂肪、碳水化合物、鈣、磷、鐵等多種營養成分，肉質肥厚滑嫩，適用於鮮食。

冬蟲夏草

又稱蟲草、冬蟲草、夏草冬蟲。早在18世紀以前，冬蟲夏草就被作為一種天然珍貴藥物流行於中國西南少數民族地區。清雍正、乾隆年間（西元1723～1795年），冬蟲夏草隨西南邊陲開發，開始傳入內地，被記載到吳儀洛的《本草從新》中；清代開始入饌，在《柑園小識》中已有記載，是流行於當時官場中滿漢全席中的上品。冬蟲夏草生長在高山草甸地帶土層中。所謂蟲，是指被菌絲充滿的蝙蝠蛾幼蟲的死屍；所謂草，是在死屍頭部長出的子座。

在中國歷史上，冬蟲夏草有幾個著名的集散地：產於四川省松潘一帶的，以灌縣為集散地的稱為灌草，品質最好；產於原西康的巴塘、裡塘等地的（今屬四川），以打箭爐為集散地的稱爐草，產量最高；產於雲南西部的，以昆明為集散地的稱滇草。近來調查發現，蟲草在甘肅、青海、西藏、雲南、貴州、四川等省區雪線以上的草甸地帶均有不同程度的分布。多在芒種以後，蟲草子實出土，開始採挖，刮去泥土和老皮，即時晒乾貯藏。

據《中藥大辭典》等書記載，冬蟲夏草有保肺、益腎、化痰等功效，可以作鎮靜劑，用於虛弱病、肺結核吐血、慢性咳喘、盜汗、自汗、貧血等。

在青海西寧，有一款炒蟲草，單純用蟲草泡軟後炒成，具有清香、鮮醇、酥脆的口感，是不可多得的山珍野味。

■ 乾料的發制方法

乾料漲發就是使經過脫水乾制的動植物材料重新吸水，最大限度地恢復原有鮮嫩、鬆軟狀態的過程。乾料漲發的方法有水發、油發、鹽發、鹼發和火發等。

水發是一種讓乾料漲發的方法，即是採用水泡（浸）或煮、燜、蒸的方法使乾貨漲發。乾貨材料無論採用油發、鹼發，或用鹽發、火發等都要經過水發的過程，水發是最基本和最常用的發料方法。水發還分冷水發和熱水發。

冷水發

將乾貨材料放入冷水中使其漲大。這種發料方法分浸泡和漂洗兩道工序，一般適用於植物性乾料，如木耳、銀耳、蘑菇等。

熱水發

將乾貨材料放入溫水或沸水中，經泡或煮、燜、蒸使其加速吸收水分，成為鬆軟狀態或半熟、全熟的一種發料方法。這種方法適用於體大或乾硬的材料，如玉蘭片等。

泡發

將乾貨材料放入沸水中泡，使其慢慢漲大的一種發料方法。採用此法泡發的有髮菜、粉條（絲）等。

鹼發

用鹼水發料的方法。乾貨材料先用清水浸泡，再放入鹼溶液裡浸泡一定時間使其漲發回軟，然後用清水漂浸，清除鹼味和腥臊氣味。用鹼水發料對材料有腐蝕和脫脂作用，雖縮短發料時間，但是材料的營養成分會受到一定的損失，此種發料法適用於質地乾硬的材料，如竹笙等。

蒸發

乾貨材料放入容器裡，上籠蒸至回軟膨脹的一種發料方法。這種發料方法適用於鮮味濃厚且經水煮易散的材料，如猴頭菇等。

■ 常見材料的發制方法

髮菜

方法：用水發

作法：發制前，先揀淨其中的雜草、泥沙，然後用溫水浸泡 1 ～ 2 小時，待其發透後撈出，滴上幾滴食用油，用手輕輕揉搓，使髮菜鬆軟，再用水漂洗乾淨。

木耳

方法：可冷水發，也可以用熱水發

作法：木耳或銀耳揀去雜質，用冷水浸泡 2 ～ 3 小時，擇掉根，洗淨泥沙，再用冷水浸泡，急用時可用溫水泡發。但冷水發比熱水發效果好。冷水泡發，由於水溫低，吸收水分比較困難，要想恢復原來的鮮嫩狀態，需要一定時間。若用熱水發，因水溫高，水分在乾料中擴散、吸附的速度快，可縮短發制時間，能基本上發透。但是，水溫過高時，會使木耳組織內的果酸物質水解，形成果膠酸，失去脆性口感。同時，還會使材料細胞破裂，無法吸收水分，出品率低。因此，木耳最好用冷水緩慢發制，這樣既可以達到脆嫩的質感，又能提高出品率。

銀耳

方法：可冷水發，也可以用熱水發

作法：其泡發方法同木耳。

口蘑

方法：用水發

作法：將口蘑用溫水洗淨，放入沸水中泡 30 分鐘，把原湯濾出來，放入溫水中用筷子攪拌幾次，洗淨根部的泥沙和髒物，再用原湯浸泡即可。

羊肚菌

方法：用水發

作法：先將羊肚菌用溫水浸泡開，再去根洗淨即可。

元蘑

方法：用溫水發

作法：將元蘑放入溫水中浸泡約 30 分鐘，剪掉根，用手撕開，再放入冷水中擺動漂洗幾次，除淨泥沙和小蟲，用清水浸泡即可。

香菇

方法：用水發

作法：先將香菇洗淨，再用溫水浸泡 30 ～ 40 分鐘，剪掉根，最後用清水漂洗 2 ～ 3 次即可。

花菇

方法：用水發

作法：泡發方法同香菇。

乾蘑菇

方法：用水發

作法：泡發方法同香菇。

竹笙

方法：用鹼水發

作法：將竹笙用熱水浸泡 3 ～ 5 分鐘，再撈入溫水中，加少許鹼浸泡 2 小時，擇淨雜質，漂洗乾淨即可。

玉蘭片（冬筍或春筍乾）

方法：用淘米水發

作法：將玉蘭片放入盆內，加上燒沸的淘米水泡十幾小時，撈出後放入鋁鍋內，加清水燒沸，改用小火（以水不滾沸為準）燜約三十分鐘，再將發好的選出。沒發好的繼續泡煮，整個泡發過程需加熱 4 ～ 5 次，發好的玉蘭片色澤應呈潔白或略黃，質地脆嫩，無異味。

板筍

方法：用淘米水發

作法：泡發方法與玉蘭片基本相同，但板筍較為堅硬，在泡發至回軟能切動時，要切成片，再進一步泡發。

筍衣

方法：用水發

作法：可參考玉蘭片的泡發方法，但其質地較鮮嫩，容易泡發起來。

筍乾

方法：用水發

作法：將筍乾放入沸水中浸泡回軟，將其切成片或塊，放入冷水鍋內，上火煮沸，然後改用小火保持水溫（以水不滾沸為準）約三十分鐘後，淨筍撈出，換用沸水浸泡約十小時，再用淘米水一同上火煮約 30 分鐘，再換用沸水浸泡，直至發透為止。漲發好的筍乾色澤應呈潔白或略黃，肉質脆嫩，無異味。

五台山齋菜

山剎名古

五台在心中的烙印

東西南北中，文殊大智星，三香未燃盡，自覺已清境

五台山概況

五台山，位於山西省的東北部，屬太行山系的北端。是地球上最早露出水面的陸地之一。它的孕育，可以追溯到太古代的 26 億年以前。五台山，最低處海拔僅 624 公尺，最高處海拔達 3061.1 公尺，為華北最高峰。層巒疊嶂，峰嶺交錯，大自然為其造就了許多獨特的景觀。

五座山峰 —— 東台望海峰、南台錦繡峰、中台翠岩峰、西台掛月峰、北台葉鬥峰形成環抱效果。北台名葉鬥峰，為「華北第一峰」，其頂平廣，週四里，建有靈應寺，民間有「躺在北台頂，伸手摸星星」的説法。中台名翠岩峰，頂平廣，週五里，建有演教寺。該峰與北台、西台接臂而座，南眺晉陽平川，北俯雁門雄關。巍巒偉峙，翠靄浮空，故名翠岩峰。

五台山特產

河曲紅果

晉西北的河曲一帶盛產形似山楂的小果，名叫海紅果，亦稱醉果，果實如雞心石，鮮紅美豔，甜酸可口，既可鮮食，又可加工成果乾、醉果、果丹皮、糖葫蘆及醬、酒、醋、罐頭、飲料等。最著名的要數「海紅蜜」飲料，以海紅果為主要材料，其味酸中有甜，回味無窮。

台蘑

五台山五座山頂生產的蘑菇因產地而得名為「台蘑」。台蘑有香信、銀盤兩個品種。雨後，在濕潤而涼爽的空氣中叢

生簇長的台蘑，菌蓋傘形，菌肉細嫩，白生生的，散發著濃郁的清香味。台蘑晒乾後則由白變黃，由於肉體肥實，菌蓋、肉質肥嫩，油性大，營養價值高，不論乾鮮烹飪，都別有風味。入筵席串湯可解肉膩、舒腸胃。素食可解饞、治病、延壽，是五台山佛齋中必不可少的佳肴。另，台蘑有「一家喝其湯，十家聞其香」的説法。

保德油棗
保德油棗的特點是形大、皮薄、肉厚、核小、汁多、味甜，油棗色澤深紅，油光閃亮。最有名的要數加工後的「無核糖棗」，深紫油潤、皮薄紋細、形大無核、棗肉肥美細膩，有一種特殊香味，成品可裝入塑膠袋中密封。

砍三刀
砍三刀，又名油布袋，是一種粗糧細作的食品，色呈金黃，綿甜利口，也是當地人春節期間的主要食品之一。每年臨近春節，家家製作，戶戶蒸食，代代相傳，至今已有 300 多年的歷史。炸製時，為使麻油滲入其中，要在上面砍上三刀，故稱「砍三刀」。又因其吃起來油香四溢，故又稱「油布袋」。

此外，五台山的特色素食還有蓧麵窩窩、代縣辣椒、繁峙黃芪、苦蕎、黃米等。

五台山學佛藝

- 何謂「佛茶」──
- 茶葉產於佛教聖地或寺廟茶區。
- 茶葉的初始用途是為了禮佛或者僧人修行。
- 茶葉本身較好地體現了「清、靜、和、寂、祥」的佛教特點。

五台山佛學茶藝獨具特色。佛門僧院，常常是佛樂聲聲，隱隱傳出誦經聲；香煙裊裊，不時飄來茶香味。在幽靜、雅致、清寂、古樸的禪堂裡，寺僧受傳統文化的影響，佛文化與茶文化結合，形成了「茶禪一體」的「茶禮規範」。「焚香引幽步，酌茗開淨筵」，寺院僧尼用茶敬佛、敬師、獻賓客，供自己與善友品飲，談佛論經，修心養性，形成了莊嚴肅穆的「茶禮」。「禮佛茶」便是五台山佛學禮茶的其中之一。

「禮佛茶」是焚香拜佛，敬佛敬師的特殊禮儀，也是調茶獻客，結緣行善的特殊茶藝。禮佛茶在禪房中進行，在做好準備工作的基礎上，分為十道程式，謂之功德圓滿。十道程式分別是：蓮步入場、焚香頂禮、禮佛三拜、普施甘露、打坐禪定、抽衣淨手、燙杯泡茶、敬茶獻茶、收杯接碗、問訊退場。

五台山風光壯美，景色獨特。境內梵宇林立，文物遍布。置身其中，松亭亭，泉淙淙，雲山霧海沉浮中，樓閣姿容秀。古剎晨昏天香飄，佛寺早晚金鐘鳴。三步一趣典，五步一掌故，到處有景致，到處又隱伏著神奇的秘密。世人贊曰：「五台歸來不看廟」。

五台養生齋菜

寺院素食泛指佛家寺院的素食佳肴，為中國素菜的「全素派」。

寺院僧人的飲食，大抵為清早醬瓜、醃蘿蔔和粥，午餐吃黃米飯、大燴菜，適逢「佛歡喜日」（佛教節日）為素度，吃香粳米飯。寺院的廚房，稱為齋廚、香積廚，除主理僧人們的膳食外，還要為各地接踵而來的行腳僧、施主、香客解決膳食，為他們供茶供飯。綜合這些因素，促使齋廚素食烹調日趨講究。

五台山素齋，是佛教聖地飲食的集大成者，其彙集了寺廟僧尼所用的齋飯和民

間的素食，材料多以山珍野菜、鮮蔬瓜果、糧食植物、菌類藥物為主，名多以佛教聖言而冠，營養價值豐富，藥療作用顯著，為五台山文化藝術的一枝奇葩。五台山素齋具有「材料皆有土重生，成品菜粥不叫葷，糧食野蔬都可用，山珍藥材是上品」的特點，是天然綠色食品。歷史上，寺院方丈曾以素齋招待過清帝康熙和乾隆，還接待過中央領導毛澤東、朱德、劉少奇、周恩來等老一輩無產階級革命家。

寺院僧尼多數面色紅潤，身體健康，且普遍長壽，久食素齋是重要原因之一。

五台山各大寺廟和素齋館每天都精心準備著豐盛而清香可口的素齋：開花獻佛、羅漢全齋、金粟貢佛、慈航普度、白塔響鈴、清涼茶果、出三界桃等。

甘藍奇味心中生

材料：

紫甘藍 200 克，紅辣椒 1 支
小黃瓜 100 克，麻油 5 克
胡蘿蔔 150 克，鹽 5 克
糖 2 克，醋 3 克

口味：

清爽，鹹鮮，可口。

作法：

1. 紫甘藍洗淨、去蒂，用手撕碎成塊，備用。
2. 小黃瓜洗淨切片，備用。
3. 胡蘿蔔去皮洗淨，切絲備用。
4. 紅辣椒去蒂、籽，洗淨切絲備用。
5. 取容器，加紫甘藍塊、小黃瓜片、胡蘿蔔絲、紅辣椒絲，經鹽、糖、麻油、醋調味後，裝盤上桌即成。

注意：選擇紫甘藍心來拌製。

碧綠台豆味更香

材料：
新鮮菜豆 500 克
鹽 5 克，味精 4 克

口味：
軟香韌鬆

作法：
1. 菜豆去兩頭，洗淨切長段，汆燙備用。
2. 取一容器，將汆燙好的菜豆加鹽、味精（用少量溫水調開）、油調味，攪拌均勻，裝盤即成。

注意： 選擇新鮮無蟲害的菜豆。

故事與傳說

有一天，佛陀在竹林精舍的時候，忽有一個婆羅門憤怒惡言地衝進精舍來。因為他同族的人，都出家到佛陀這裡來，故使他大發嗔火。佛陀默默地聽他的無理胡罵，等他稍微安靜時，向他說道：「婆羅門呀！你的家偶爾也有訪客吧！」「當然有，瞿曇呀，何必問此！」「婆羅門呀，那個時候，偶爾你也會款待客人吧？」「瞿曇呀！那是當然的啊。」「婆羅門呀，假如那個時候，訪客不接受你的款待，那麼，那些菜肴應該歸於誰呢？」「要是他不吃的話，那些菜肴只好再歸於我！」佛陀以慈眼盯了他一會兒，然後說道：「婆羅門呀，你今天在我的面前說很多壞話，但是我並不接受它，所以你的無理胡罵，那是歸於你的！婆羅門呀，如果我被謾罵，而再以惡語相向時，就如主客一起用餐一樣，因此我不接受這個菜肴！」然後佛陀為他說了以下的偈：「對憤怒的人，以憤怒還牙，是一件不應該的事。對憤怒的人，不以憤怒還牙的人，將可得到兩個勝利：知道他人的憤怒，而以正念鎮靜自己的人，不但能勝於自己，也能勝於他人。」後來這個婆羅門也在佛陀門下出家，不久，成為阿羅漢。

九品蓮苔長福長

材料：
蓧麵條 150 克，黃瓜絲、紅椒絲、麵筋條、醬油醋汁各 30 克，麻油 2 克

口味：
酸鮮可口。

作法：
將蓧麵條、黃瓜絲、紅椒絲、麵筋條入容器中，加醬油醋汁、麻油拌勻即成。

注意： 蓧麵條煮時火候不宜大，現煮現拌效果最佳。

養生與營養：
降血脂、血壓、血糖，「三高」者的優良食品。蓧麵粉就是燕麥粉，營養豐富。

芝麻香桃仁

● **齋菜之美**
自古芝香一絕，融糖至香更加錦。桃仁融入此漿中，芝桃聯合便自知。

材料：
核桃仁 300 克，芝麻 50 克
白糖 80 克，鹽 1 克

口味：
芳香芝氣，脆中嚼香。

作法：
鍋置火上，下白糖熬成糖色，加核桃仁、芝麻、鹽，滾勻起鍋，趁熱食用。

注意： 熬製糖色的火候要控制好。

養生與營養： 健腦養顏，滋腎清心。

五台素雞

● 齋菜之美
卷口如銅錢，大小均一致。咬住總想嚼，三口已咽下。民間的卷雞在師傅們研究後，口味更加濃郁。

材料：
豆腐皮 2 張，醃嫩筍 150 克
麻油 2 克，太白粉水 20 克
橄欖油 20 克，醬油 5 克
白糖 2 克

口味：
酥香一口鮮。

作法：
1.豆腐皮沾水，稍浸軟。
2.將浸泡無鹹味的醃嫩筍用手撕成絲，加調味料拌匀，捲入豆腐皮內，用太白粉水封邊。
3.入籠蒸 15 分鐘，晾乾，再入油鍋煎金黃，切段即成。

注意：
卷包大小一致，蒸製時間不要過長。煎至呈金黃色。

養生與營養：
養胃清腸。穀物纖維含量較高。豆皮中含有豐富的優質蛋白，含有大量的卵磷脂，可預防心血管疾病，保護心臟；含有多種礦物質，能補充鈣質。

羅漢小豆腐

● *齋菜之美*

整豆腐捏成碎豆腐，小炒小煎加蒿綠；清香隨炒輕煙渺，口含不覺早下肚。忽聞羅漢已走近，雙手拱盤敬相互；喜顏歡笑是大肚，眼晃一景真是福。

材料：

嫩豆腐 1 方（約 500 克）

蒿菜 100 克，鹽 3 克

味精 2 克，橄欖油 25 克

口味：

軟香可口。

作法：

1. 嫩豆腐捏碎，茼蒿洗淨，切成丁，待用。
2. 鍋置火上，入油燒熱，下豆腐、茼蒿翻炒，加鹽、味精調味，炒至出香味即成。

注意：

中火快炒，一氣呵成。

養生與營養：

滋五臟而壯筋骨。豆腐的營養價值很高，含有人體所需要的多種營養成分。豆腐蛋白質中含有人體自己所不能合成的 8 種必需胺基酸，其人體消化率可達 92% ～ 96%，是一種既富於營養又易於消化的食品。茼蒿梗爽口並帶有特殊的香味，營養豐富，還有清血、養心、降壓、潤肺、清痰的藥用功效。

雪菜羅漢筍

材料：
雪菜 100 克，羅漢筍 150 克
味精 2 克，薑 6 片

口味：
雪菜清香，羅漢筍脆嫩。

作法：
1. 雪菜切末；羅漢筍切稜形條，待用。
2. 鍋中加油燒熱，入薑片爆香，先炒雪菜，再加羅漢筍炒至乾香，下入味精拌勻即成。

注意：
雪菜要炒出香味。羅漢筍是加工好的，要過一下水。

故事與傳說

阿那律是一位精進的修道者，他專心誦讀經文，時常通宵不眠。因為過度疲勞，以致雙目失明。他雖然傷心，卻不頹喪，反而更勤奮學習。有一天，他的衣服破了一個洞，便自己動手縫補。後來線脫了，他又看不見，十分狼狽。佛陀知道阿那律的困難，便來到他的房中，替他取線穿針。「是誰替我穿針呢？」阿那律問。「是佛陀為你穿針。」佛陀一面回答，一面為他縫補破洞。阿那律感動得流下淚來。「同情別人，幫助別人，是我們應有的責任。」佛陀訓導大家說。佛陀以身作則，給大家一個好榜樣。弟子們知道了，十分感動，都互相勉勵，互相幫助，為大眾服務。

蜜汁小棗台懷制

材料：
山西紅棗 250 克，冰糖 25 克

口味：
糯香甘甜。

作法：
紅棗洗淨，加冰糖水入籠蒸 40 分鐘即成。

注意：
蒸出的汁可用小火煮稠，澆在棗上。

養生與營養：
補血益智。紅棗富含蛋白質、脂肪、醣類、胡蘿蔔素、B 群維生素、維生素 C、維生素 P 以及鈣、磷、鐵和環磷酸腺苷等營養成分。

故事與傳說

有一天，提婆達多生病，很多醫生來治病，都不能把他醫好。身為他的堂兄弟，佛陀親自來探望他。佛陀的一個弟子問他：「您為什麼要幫助提婆達多？他屢次害你。甚至要把你殺死！」佛陀回答說：「對某些人友善，卻把其他人當作敵人，這不合乎道理。眾生平等，每個人都想幸福快樂，沒有人喜歡生病和悲慘。因此我們必須對每一個人都慈悲。」於是佛陀靠近提婆達多的病床，說：「我如果真正愛始終要害我的堂兄弟提婆達多，就像愛我的獨生子羅侯羅的話，我堂兄弟的病，立刻會治好。」提婆達多的病立刻消失，恢復健康。佛陀轉向他徒弟說：「記住，佛對待眾生平等。」

荷合吉祥豆腐

材料：

去皮花生醬 200 克，玉米粉 30 克，鹽 6 克
素蝦仁、青豆、玉米粒、百合、太白粉水
各 20 克，素高湯 400 克，胡椒粉 1 克
味精 2 克，蘑菇 3 粒，白糖 2 克

口味：

花生濃郁，脆嫩可口。

作法：

1. 過濾後的花生醬加鹽、玉米粉、太白粉
   水，充分調勻，用小火一邊煮一邊攪拌
   成濃稠狀。
2. 入蒸籠蒸 10 分鐘即可倒入大盤中。
3. 將蘑菇、素蝦仁、青豆、百合、玉米粒
   加所有調味料煮開，淋在豆腐上即可。

注意： 花生醬要自製的，顆粒可粗一些。

五香烤麩在台中

材料：

熟麵筋丁 300 克，木耳 25 克，薑 6 片
味精 2 克，素湯 75 克，五香粉 8 克
香菇 20 克，竹筍片 25 克，醬油 5 克
白糖 2 克

口味：

醬香鬆軟。

作法：

1. 鍋中加油、薑片爆香，下熟麵筋丁煸炒，
   加素湯、醬油、五香粉、白糖、味精、
   竹筍片、香菇、木耳調味。
2. 燒 5 分鐘，待湯汁約剩五分之一時起鍋
   即成。

注意： 火力不要太大，醬油注意色淡。

養生與營養：

開胃理氣。麵筋和中，解熱，止煩渴。

豆豉吉祥如意

材料：
素雞翅 10 支，泡紅辣椒 50 克
豆豉 50 克，薑末 20 克

作法：
將素雞翅、豆豉、泡紅辣椒切成適合大小，
加薑末、油調味，放入籠中蒸熟即可。

口味：
韌香，豉香，微辣。

注意：
豆豉選擇乾香的黑豆豉。

養生與營養：
豆豉中含有多種營養素，可以改善胃腸道菌群，常吃豆豉還可幫助消化、預防疾病、
延緩衰老、增強腦力、降低血壓、消除疲勞、減輕病痛。

羅喉花開獻佛

材料：
圓南瓜 1 個（約 1500 克）
大荔枝 10 個，黃米飯 500 克
核桃仁 10 個，葡萄乾 25 克
枸杞子 15 克，冰糖 25 克
小棗 25 克，蓮子 50 克

口味：
香糯味甘。

作法：
將圓南瓜雕刻成大蓮花，放在大湯碗中擺上荔枝，再擺上熟蓮子，加上核桃仁、黃米飯、小棗、葡萄乾、枸杞子、冰糖入籠蒸 40 分鐘，扣盤中，上桌即可。

注意：
核桃仁、蓮子要提前加工煮熟，黃米飯要壓實。

故事與傳說

秋天，水稻成熟，田野一片金黃，農人聚集，慶祝豐收，大地洋溢著一片歡樂。佛陀來到農莊，許多人都恭敬地供養他。只有一個生性固執的農人，十分生氣。他大怒道：「我們平時勤力耕種，才有今天的收穫，你為什麼不學我們呢？」「長者！我也是耕耘的。」佛陀和氣地回答。「你是農夫嗎？你的牛、種子和田地在哪裡呀？」「眾生的心地就是我的田地，八正道是我的種子，精進是我的犁牛。」佛陀向他解釋說：「我在眾生的心地撒下八正道的種子。我勤力耕耘他們的心地，使他們拔除煩惱，得到安樂。」農人聽了，明白過來，立刻懺悔，把上好的奶飯獻給佛陀。他說道：「佛陀，請接受我的供養吧！你已經耕耘我的心田，播下善良的種子，我將有幸福的收穫。」

金剛杵叉保佛法

材料：

素雞腿 16 個，太白粉水 25 克
竹籤 10 支，麵包糠 50 克

口味：

外酥香，內鮮嫩。

作法：

1. 素雞腿用竹籤穿起，沾太白粉水裹麵包糠，待用。
2. 鍋中入多量油燒熱，下乳素雞腿，炸至呈金黃色即成。

注意： 炸製時油溫控制在 150℃左右。

養生與營養：

素雞腿中含有豐富蛋白質，還含有豐富維生素 E 及鈣、鉀、鎂、硒等礦物質元素，營養豐富、食用方便。

德福資糧靠文殊

材料：
素肉 500 克，木耳 5 朵，竹筍片 25 克
八角 1 個，薑 6 片，甜麵醬 20 克
味精 2 克，素高湯 75 克

口味：
醬香濃郁，入口滑潤。

作法：
1. 素肉、木耳、竹筍片汆燙，備用。
2. 鍋中加油、薑片爆香，加甜麵醬略炒 再加素高湯，入素肉、八角、木耳、竹筍片大火燒後改用小火，最後用中火收汁，放味精翻炒均勻即成。

注意： 不要把甜麵醬炒糊。

台栗風雨吉祥

材料：
板栗肉 12 個，素雞腿 2 條（約 300 克）
薑 6 片，青、紅椒各 3 片，醬油 20 克
素高湯 75 克

口味：
味酥香，有韌勁。

作法：
1. 板栗肉汆燙；素雞腿斬塊。
2. 鍋中下油、薑片爆香，下素雞塊煸炒後下素高湯、醬油，待板栗燒至成熟，最後加青、紅椒片起鍋即可。

注意： 板栗大小應統一，燒至板栗鬆軟但仍帶有黏性即可。

養生與營養：
板栗肉含蛋白質、脂肪、澱粉、胡蘿蔔素可溶性糖及豐富的維生素。

鐵板山珍燴

材料：

滑菇 50 克，雞腿菇 30 克，味精 2 克
太白粉水 25 克，白糖 10 克，薑 6 片
草菇 30 克，口蘑 30 克，醬油 20 克
乳牛肝菌 30 克，黃牛肝菌 50 克
胡椒粉 1 克

口味：

鮮香滑嫩。

作法：

1. 把滑菇、雞腿菇、乳牛肝菌、黃牛肝菌、草菇、口蘑洗淨汆燙，備用。
2. 鍋中加油、薑片爆香，下各種菇類煸炒，調味勾芡。
3. 鐵板燒熱，將炒好的菌菇倒在上面，熱沸後上桌即可。

注意： 鐵板一定要熱，菌菇可用錫紙包起來。

故事與傳說

舍利弗和目犍蓮原是婆羅門教徒。一天，他們在街上看見一位比丘尼在漫步。比丘尼舉止安詳，儀態高貴。舍利弗很仰慕他，便上前和他談話。他問道：「尊者，你的樣子很有修養，請問你的老師是誰呢？」比丘尼說：「我的老師是釋迦牟尼佛，他時常說一首偈語：『若法因緣生，法亦因緣滅，是生滅因緣，佛大沙門說。』這是說，世間的一切，由因和緣結合而生起，也由因和緣分散而消滅，我們有善良的因，配合適當的緣，那麼，自然有好的結果。」舍利弗和目犍蓮聽了，覺得很有道理，十分歡喜，立刻率領弟子追隨佛陀去了。後來，二人都成為佛陀的大弟子。

香茄豆腐加菇丁

材料：
茄子丁 300 克，香菇丁 100 克，鹽 6 克
豆腐乾丁 50 克，味精 4 克，胡椒粉 2 克
青、紅椒丁各 25 克，番薯粉、太白粉水
各 20 克

口味：
香脆滑嫩鮮。

作法：
茄子丁拍粉，入油鍋炸製後與以上材料合
炒，最後調味勾芡即成。

注意：此菜勾芡不宜太厚，速度要快。

養生與營養：茄子含有蛋白質、脂肪、碳
水化合物、維生素以及鈣、磷、鐵等多種
營養成分。特別是維生素 P 的含量很高。

鍋仔香芋滿台香

材料：
香芋條 300 克，乾椒 15 克，山椒 5 克
青、紅椒各 25 克，鹽 6 克，味精 4 克

口味：
香糯微甘。

作法：
1.青、紅椒切條；乾椒切片備用。
2.香芋條炸至金黃，入籠蒸一會兒，再取
　出放入鍋中與青、紅椒及乾椒拌炒，加
　調味料調味即成。

注意：炸製時要求外表金黃。

養生與營養：
香芋營養豐富，色、香、味俱佳，其蛋
白質含量為山藥的 2 倍。食之有散積理
氣、解毒補脾、清熱鎮咳之藥效。

佛光普照素魚翅

材料：

素魚翅 400 克，素鮑魚汁 150 克
青花菜 1 朵，米飯 1 碗

口味：

滑爽清脆。

作法：

1. 素魚翅洗淨，加素鮑魚汁以小火慢慢煨
   至入味，備用。
2. 青花菜洗淨，切塊汆燙備用。
3. 鍋中加入少量底油，燒至 6 成熱時，下
   入青花菜煸炒，加鹽調味後，翻炒均勻
   擺盤，加入煨好的素魚翅，上桌配米飯
   即成。

注意： 青花菜略炒一下，配米飯上桌。

鮑汁扣極品台蘑

材料：

台蘑 500 克，素鮑魚汁、素高湯各 150 克，
青花菜 10 小朵，太白粉水 20 克
鹽 2 克

作法：

1. 台蘑加水發好後洗淨；青花菜洗淨，分
   塊汆燙備用。
2. 取一容器，將台蘑加素高湯，入籠蒸
   30 分鐘後取出，倒出原汁備用。
3. 鍋中加入少量油，大火燒至 6 成熱時，
   下青花菜煸炒，加鹽調味後起鍋，圍在
   盤邊備用。
4. 將蒸好的台蘑放盤中；鍋中加倒出的湯
   汁和素鮑魚汁，大火燒沸後倒入太白粉
   水勾芡，澆淋於台蘑上即成。

注意： 選擇大小相仿的台蘑擺在碗中。

佛海蒲團

材料：
素龍蝦丸 300 克，黃瓜丁 50 克
青豆 20 克，紫菜卷 10 段

口味：
鮮脆爽嫩。

作法：
素龍蝦丸、黃瓜丁、青豆分別汆燙，合
炒後調味至熟，盛入盤中，再將紫菜卷
圍在盤邊即可。

注意：紫菜卷用微波爐加熱。

養生與營養：
素龍蝦丸用蒟蒻作法。蒟蒻含大量甘露
糖酐、維生素、植物纖維及黏液蛋白，
具有一定的保健作用和醫療效果。

梅乾豆腐方知福

材料：
豆腐塊 350 克，梅乾菜 50 克，香菜 5 克
醬油 20 克，糖 4 克，白胡椒粉 2 克

口味：
酥香軟糯，鹹鮮適口。

作法：
1.豆腐塊切片，入鍋煎成兩面金黃色。
2.將洗淨的梅乾菜切碎，與豆腐片一起燒
　煮入味，加入醬油、糖、白胡椒粉，最
　後撒上香菜即成。

注意：燒製豆腐時，火宜小不宜大。

養生與營養：
豆腐作為食藥兼備的食品，具有益氣、
補虛等多方面的功能。梅乾菜營養價值
較高，其胡蘿蔔素和鎂的含量尤顯突出。

兩抱玉帛

材料：
白菜 300 克，馬鈴薯 100 克
台蘑 50 克，番茄醬 20 克，鹽 6 克
白糖 10 克，米醋 5 克，木耳 50 克
香菜 5 克，味精 4 克，胡椒粉 2 克
太白粉水 20 克，素高湯 20 克

口味：
鮮糯香甘。

作法：
1. 白菜洗淨分葉氽燙；馬鈴薯去皮洗淨，切絲氽燙；台蘑經水發好後去蒂洗淨，切絲氽燙備用。

2. 木耳經水發好後，去蒂洗淨，切絲備用；香菜去蒂去葉，洗淨切末備用。

3. 鍋中加入少量底油，下入馬鈴薯絲、台蘑絲、木耳絲煸炒，撒鹽、味精、胡椒粉調味後起鍋備用；番茄醬加素高湯，加白糖、醋、太白粉水調勻後備用。

4. 將白菜葉捲入炒好的馬鈴薯絲、台蘑絲、木耳絲，製作成白菜卷，上籠蒸製 5 分鐘後取出，擺盤備用。

5. 鍋中加入調好的茄汁，大火燒沸，澆淋於白菜卷上，撒香菜末即成。

注意：
白菜卷內的餡料，大小應一致。

五台三絕

材料：
蕨菜 150 克，金針花 50 克，小台蘑 30 克
青、紅椒 50 克，味精 4 克，胡椒粉 2 克
鹽 6 克，太白粉水 20 克

作法：
1. 蕨菜洗淨，切段汆燙；金針花經水發好，
   洗淨切段，汆燙備用。
2. 小台蘑加水發好；青、紅椒去籽、蒂，
   洗淨，切絲備用。
3. 鍋中加少量底油，大火燒至 6 成熱時，
   下入蕨菜段、金針花段、小台蘑、青椒
   絲、紅椒絲煸炒至香，加鹽、味精、胡
   椒粉調味後，用太白粉水勾芡，起鍋裝
   盤即成。

注意：台蘑和青、紅椒絲不用汆燙。

清炒黃花

材料：
金針花 150 克，筍 50 克，香菇 20 克
青、紅椒 25 克，鹽 6 克，味精 4 克
胡椒粉 2 克

作法：
1. 金針花經水發好後洗淨，切段汆燙；筍
   去皮洗淨，切絲汆燙備用。
2. 香菇經水發好後去蒂，洗淨切絲；青、
   紅椒去蒂去籽，洗淨切絲，汆燙備用。
3. 鍋中加入少量底油，大火燒至 6 成熱
   時，下入香菇絲、金針花、筍絲煸炒，
   撒鹽、味精、胡椒粉調味後，下入青、
   紅椒絲翻炒均勻後起鍋裝盤即成。

注意：金針花要熱水速泡。

功德圓滿拜文殊

材料：

絲瓜 300 克，香菇末 70 克，味精 4 克
胡蘿蔔末 50 克，馬鈴薯末 50 克，鹽 6 克
胡椒粉 2 克，太白粉 20 克

口味：

瓜香餡鮮。

作法：

絲瓜切段挖空，釀入以上材料後調味，入
籠蒸 20 分鐘即成。

注意：選擇粗絲瓜。

養生與營養：絲瓜含蛋白質、脂肪、碳水
化合物、鈣、磷、鐵及維生素 B_1、維生素
C，還有皂苷、木糖膠等，具有清熱化痰、
涼血解毒、解暑除煩、通經活絡等功效。

三鮮烤麩猶冬爐

材料：

麵筋 200 克，筍丁 100 克，木耳 50 克
豆豉 30 克，素排骨 150 克，醬油 15 克
味精 4 克，胡椒粉 2 克，素油 30 克
白糖 4 克

口味：

香糯可口，脆嫩適口。

作法：

將麵筋、筍丁、木耳、豆豉、素排骨分別
汆燙，入油鍋中，翻炒均勻，加調味料調
味即成。

養生與營養：麵筋能和中，解熱，止煩渴。
筍的營養價值也很高，其內的纖維素、蛋
白質含量都比較高，而且富含胡蘿蔔素、
B 群維生素、礦物質等，具有消食、化痰、
解毒、利尿的作用。

咖哩什錦全素煲

材料：

馬鈴薯 100 克，凍豆腐 50 克
胡椒粉 2 克，太白粉水 20 克
油豆腐 70 克，胡蘿蔔 50 克
咖哩醬 150 克，味精 4 克
鹽 6 克

作法：

1. 馬鈴薯、胡蘿蔔去皮洗淨，切塊備用；凍豆腐切塊，油豆腐洗淨，汆燙備用。
2. 鍋中加多量油，大火燒至 6 成熱時，下入馬鈴薯塊，待炸至金黃色時撈出瀝油。
3. 鍋中加少量油，大火燒至 6 成熱，下咖哩醬，轉小火煸炒出香味，加馬鈴薯塊、凍豆腐、油豆腐、胡蘿蔔塊煸炒至香，加鹽調味，小火慢燜 5 分鐘至材料入味，加味精和胡椒粉，經太白粉水勾芡後翻炒均勻，起鍋裝盤即成。

故事與傳說

大迦葉尊者停留在王舍城時，有兩位年輕沙馬內拉追隨他修習。其中一位恭敬、服從又盡責，另一位則敷衍了事。每當大迦葉尊者告誡他不可疏忽職責時，他總覺得受到非常大的侮辱。有一天，他到大迦葉尊者的一個信徒家去，騙他們說大迦葉尊者生病了，他們就交給他特別的食物，請他拿回去給大迦葉尊者吃。但他在半路上就吃掉這些特別的食物。事發後，大迦葉尊者告誡他時，他非常生氣。第二天，大迦葉尊者外出化緣時，這頑固、愚蠢的年輕沙馬內拉留在精舍裡，竟然打破所有鍋子，並放火燒精舍。後來，王舍城來的一位比庫向佛陀報告這件事，佛陀說大迦葉尊者最好獨居，不要和造成這麼多問題的愚人共處一室。智者出於慈悲心，希望改善愚人的情況時，可以與愚癡的人來往，但不可反而受其污染。

銀杏南瓜煲帶餅

材料：
圓南瓜 1 個（約 1500 克），素油 30 克
板栗 200 克，核桃仁 100 克，銀杏 50 克
蓮子 70 克，胡椒粉 2 克，大麵餅 1 個
青、紅椒片各 25 克，鹽 6 克，味精 4 克

口味：
餅香瓜糯，別有一番滋味。

作法：
1. 南瓜去皮，切滾刀塊。
2. 南瓜與銀杏、板栗、核桃仁、蓮子、
   青椒片、紅椒片、水一同入鍋中煲，
   加調味料調味，燒至將熟時把大圓餅
   蓋上即成。

注意：起鍋時將大餅鏟成塊。

養生與營養：
南瓜含多醣、胺基酸、活性蛋白、類胡蘿蔔素及多種微量元素等。此外，還含有磷、
鎂、鐵、銅、錳、鉻、硼等元素。銀杏養生延年，在宋代被列為皇家貢品。板栗含
有豐富的蛋白質、醣類、澱粉等人體需要的營養物質，是一種營養豐富的食品。核
桃主要富含脂肪，其所含脂類有亞油酸甘油酯、亞麻酸及油酸甘油酯，對減少膽固
醇在血中升高有益，有利於動脈硬化、心腦血管病患者的保健。

五台真清涼

材料：

甜瓜 100 克，小番茄 20 克，檸檬汁 5 克
腰果 10 克，鹽 2 克，太白粉水 20 克

作法：

1. 甜瓜去皮、籽後切丁；小番茄去蒂，洗
   淨切丁，備用。
2. 腰果洗淨，瀝乾水分；鍋中加多量油，
   大火燒至 6 成熱時，下入腰果炸至顏色
   稍變，撈出瀝油備用。
3. 鍋中加少量油，大火燒至 5 成熱時，下
   甜瓜丁、小番茄丁煸炒至香味出，烹入
   檸檬汁，大火燒沸，下腰果，撒鹽調味，
   用太白粉水勾芡，翻炒均勻起鍋裝盤。

注意： 腰果應提前炸好。

八珍豆腐煲

材料：

豆腐 500 克，胡椒粉 2 克，味精 4 克
太白粉水 20 克，醬油 10 克，鹽 3 克
八寶餡 300 克（糯米、蘑菇、香菇丁
松子、核桃、青豆、紅蘿蔔各適量）

口味：

脆香鮮嫩。

作法：

豆腐切成長方塊，炸至金黃，挖去內心後
釀入八寶餡，入籠蒸 15 分鐘，澆調勻的調
味汁即成。

注意： 此道菜選擇老豆腐較佳。八寶餡可
依個人喜好調整配方。

養生與營養：

豆腐食藥兼備，具有益氣、補虛等多方面
的功能，且含大量的鈣、蛋白質，還有 8
種人體必需的胺基酸。

釀香菇炒金粒

材料：
香菇 16 朵，薑 6 片，香菜 5 克
馬鈴薯 100 克，玉米粒 450 克
素火腿 100 克，鹽 6 克，味精 4 克
胡椒粉 2 克，太白粉水 20 克

口味：
酥香軟糯，玉米芳香。

作法：
1. 馬鈴薯去皮洗淨，上籠蒸至熟透後製成泥；香菇經水發好後去蒂洗淨，經鹽醃製後備用。
2. 香菜去蒂去葉洗淨，切段備用；玉米粒洗淨汆燙；素火腿切丁，汆燙備用。
3. 鍋中加入多量底油，大火燒至 6 成熱時，下入釀了馬鈴薯泥的醃香菇，炸至熟透後撈出瀝油，擺盤備用。
4. 鍋中加入少量底油，大火燒至 6 成熱時，下入玉米粒、素火腿丁、薑片煸炒至香，撒鹽、味精、胡椒粉調味後，用太白粉水勾芡翻炒均勻，起鍋擺在炸好的香菇旁邊即成。

注意：
因馬鈴薯沒有味道，所以香菇要醃至入味再取出，炸香菇、馬鈴薯的時間需 1 ～ 2 分鐘。

碧綠財富路

材料：

萵筍 350 克，素火腿片 200 克，鹽 5 克
乳酪 50 克，奶油 100 克，胡椒粉 2 克

作法：

1. 萵筍去皮洗淨，切片汆燙；用素火腿片把
   萵筍片卷包起來，用牙籤固定，擺在烤盤
   中，備用。
2. 將乳酪和奶油混合拌勻，撒鹽和胡椒粉調
   味後澆淋在火腿萵筍卷上。
3. 烤箱溫度調至 150℃，放入卷好的火腿萵
   筍卷，烤製 3 分鐘，起鍋裝盤即成。

注意：

萵筍削皮，放入鹽水中煮 5 ～ 10 分鐘，撈
出瀝乾後再用。

巧炒豆香釀西紅

材料：

檸檬汁 25 克，糖 10 克，鹽 6 克，素油 20 克
番茄 150 克，太白粉 20 克，黃豆 200 克

口味：

酸甘軟滑。

作法：

1. 黃豆用冷水完全泡開後，加水以大火煮開，
   待水分煮少後加入番茄、太白粉及調味料，
   轉小火繼續煮。
2. 用大火收汁至黃豆浮出水面即可食用。

注意： 泡豆的水一定要倒掉，再加新水煮，
否則會有苦澀味。待此菜涼後可以放
入冰箱中冷凍，隨吃隨取。

養生與營養： 黃豆中蛋白質的含量約占
40%，黃豆內含一種脂肪物質叫亞油酸，能
促進兒童的神經發育。

醬排來自五台中

材料：
蓮藕 12 條，水麵筋 300 克，醬油 10 克
糖 75 克，醋 50 克，麵粉、番薯粉各適量

口味：
軟糯香脆，酸甜適口。

作法：
1. 用水麵筋裹住藕條，放入沸水中燙一下，做成素排骨；麵粉加水調成麵糊備用。
2. 把燙好的素排骨裹上麵糊，拍上番薯粉，放入油鍋炸透。
3. 鍋中放入淨水，加入糖、醋、醬油，倒入炸好的素排骨，勾芡，起鍋即成。

注意：需特別注意炸製時的油溫。

和味豆酥

● 齋菜之美
豆酥加油炒較酥較香。將菇類、番茄丁、橄欖菜丁炒熟，再撒上炒香的豆酥，即成美味豆酥。

材料：
豆腐 450 克，番茄豆酥 150 克

口味：
酸香鹹甘。

作法：
1. 豆腐切成小方塊擺入盤中，備用。
2. 切好的豆腐塊上蒸籠蒸約 5 分鐘，取出備用。
3. 將鍋內擦乾，大火燒熱，小火下入番茄豆酥，煸炒至香，澆淋於擺好盤的豆腐塊上即成。

注意：豆酥是由黃豆發酵後製成的。

自在菩薩樂上聽

● 齋菜之美

這是一道相當華麗的傳統素菜，它的用料多、名稱華美，算是宴席菜的一部分。

材料：

豆腐 500 克，素肉丁 50 克，紫菜 15 克
金針菇 15 克，冬筍 35 克，鹽 5 克
芹菜 25 克，胡椒粉 3 克，榨菜 30 克
薑 6 克，紅辣椒 5 克

作法：

1. 豆腐切塊，挖空心，上籠蒸 5 分鐘後
   取出備用；素肉丁汆燙備用。

2. 紫菜浸泡切末；金針菇去蒂洗淨切粒；
   冬筍去皮，洗淨切粒備用。

3. 紅辣椒去籽去蒂，洗淨切粒；芹菜洗
   淨去葉切末；榨菜切末；薑去皮洗淨，
   切末備用。

4. 鍋中加入少量底油，大火燒至 6 成熱
   時，下入薑末煸炒至香，下入素肉丁、
   紫菜末、金針菇粒、冬筍粒、紅辣椒
   粒、芹菜末、榨菜末，煸炒至香，撒
   鹽、胡椒粉調味後翻炒均勻，製成餡
   料備用。

5. 將製作的餡料釀入豆腐盒中；鍋中加
   入少量底油，大火燒至 6 成熱時，下
   入豆腐盒，小火煎至兩面金黃色時裝
   盤即成。

注意：建議採用老豆腐，先蒸後切。

五台佛光照

材料：
水發台蘑 200 克，水發金針花 100 克
蒟蒻絲 50 克，胡蘿蔔 15 克，枸杞子 5 克
素高湯 500 克，鹽 6 克，味精 4 克
胡椒粉 2 克

口味：
菇香四溢，湯呈琥珀色。

作法：
取砂鍋，加入素高湯，放入以上準備好的
材料，燉製後用調味料調味即成。

注意：水發台蘑不需要汆燙。

展翅飛翔在智者

材料：
素鮑魚 10 個，小花菇 10 朵，鹽 5 克
小香菇 150 克，素魚翅 200 克，醋 2 克
素蝦仁 100 克，素羊肉、大白菜片各 50 克
甜豆 12 個，胡蘿蔔 20 克，玉米筍 10 克
味精 4 克，太白粉水、醬油各 20 克
麻油適量

作法：
1. 花菇洗淨、泡軟；其它材料分別汆燙後
   用冷水沖涼；大白菜片入鍋翻炒，加調
   味料調味。
2. 素鮑魚切片，扣入碗底，入蒸鍋用大火
   蒸 30 分鐘，取出扣入盤中；其他小料炒
   香，放少許麻油，入盤即可。

注意：
一般都使用中碗，素鮑魚放入碗前，要先
在碗內鋪上保鮮膜。

佛跳牆來品素盅

材料：
老人頭菌 100 克，猴頭菇 50 克
羊肚菌 20 克，素高湯 1000 克
味精 2 克，草菇 20 克，鹽 5 克
虎掌菌 30 克，口蘑 30 克，薑 6 片

口味：
湯如琥珀，滑爽至舒。

作法：
1. 老人頭菌洗淨切片浸泡；猴頭菇經水發好後切片；羊肚菌洗淨，切片浸泡。
2. 虎掌菌、草菇洗淨切片，浸泡備用；口蘑洗淨浸泡；薑去皮洗淨，切片備用。
3. 取砂鍋加入素高湯，大火燒至沸後，下薑片、老人頭菌、猴頭菇、羊肚菌、虎掌菌、草菇、口蘑燒至沸後，小火慢煨 2 小時，撒鹽、味精調味後起鍋上桌即成。

注意：菌菇要洗淨，一般不用汆燙，因味鮮。

故事與傳說

優樓頻螺迦葉是一個拜火教的領袖，他有一千多個門徒。他們信奉火神，希望命終後投生天堂，享受快樂。佛陀想教化迦葉，就去探訪他。當夜，佛陀在有毒龍的屋內住宿，經過佛陀多次的感化，迦葉也漸漸信服了。有一天，迦葉主持祭祀大典禮，他擔心眾人見了佛陀，轉信佛教，減少自己的信念，所以對佛陀有點顧忌。佛陀知道他的心事，那天就回避不出來了。祭祀完了，眾人散去，佛陀誠懇地教訓他：拜火不是真理，而且他的妒忌和自私，也是學道者不應有的行為。迦葉聽到佛陀的指導，好像在灼熱的陽光中得到涼蔭，愉快極了，舒暢極了，立刻懺悔，皈依信佛。他的弟子也全部信奉佛教，追隨佛陀到處弘揚佛法。

五台渡慈航

材料：

冬瓜球 12 個，小冬菇 12 朵，鹽 5 克
素小鮑 12 個，薑 5 片，素高湯 500 克
味精 2 克，麻油 2 克

口味：

鮮爽脆嫩。

作法：

1. 冬瓜球：冬瓜去皮，洗淨挖球氽燙，備用。
2. 素小鮑洗淨氽燙；小冬菇經水發好後去蒂，洗淨備用。
3. 鍋中加素高湯，下冬菇大火燒至沸，下冬瓜球、薑片、素小鮑燒至湯略滾，撒鹽調味後再以小火燉 5 分鐘，撒味精、淋麻油，起鍋裝盤即成。

注意：用紫砂或黑砂鍋燉製效果更好。

智者清淨我心

材料：

五台小磨豆腐 150 克，素高湯 500 克
木耳、金針花、口蘑各 50 克，鹽 5 克
味精 2 克，胡椒粉 2 克，時令青菜適量

作法：

1. 豆腐切十字方丁；木耳經水發後，去蒂洗淨，分片備用。
2. 金針花經水發好後，洗淨切段；口蘑經水發好後，洗淨切片，氽燙備用。
3. 砂鍋中加入素高湯，大火燒至沸，加豆腐、金針花、口蘑，燒沸約 5 分鐘，再下入木耳，小火慢燉 20 分鐘，加鹽、味精、胡椒粉調味後放入時令青菜（洗淨去蒂）上桌即成。

注意：時令綠色蔬菜最後加上即可。

五台第一鮮湯

材料：
野生五台乾蘑菇 150 克
山藥 20 克，金針花 50 克
草菇 50 克，味精 2 克
素高湯 500 克，鹽 5 克
胡椒粉 2 克

口味：
湯如琥珀，非常鮮美。

作法：
1. 台蘑經冷水浸泡，洗去泥沙，但水不要倒掉，沉澱過濾此水備用。
2. 山藥去皮洗淨，切片浸在水中；金針花經水發好後洗淨切段；草菇洗淨，汆燙備用。
3. 取砂鍋加素高湯大火燒至沸，加台蘑水和台蘑、金針花、草菇燉約 5 分鐘，將山藥片加入鍋中，轉小火慢燉 20 分鐘，撒鹽、味精、胡椒粉調味後上桌即成。

注意： 最好用原砂鍋上桌。

養生與營養：
蘑菇中含有植物固醇類物質——香菇素，具有降血脂、保護心腦血管的作用；蘑菇還含有抗菌因子，能抑制葡萄球菌、大腸桿菌等生長；蘑菇中的多醣成分，對治療白血球減少症和傳染性肝炎也有很好的輔助作用。

鍋仔全家福

材料：

凍豆腐 150 克，胡椒粉 1 克
馬鈴薯丸、素魚丸，素雞丸
各 20 克，鹽 3 克，香菇 50 克
青江菜 10 棵，素高湯 30 克
素油 30 克，太白粉水 15 克
味精 1 克，薑 6 片

口味：

湯濃滑嫩。

作法：

1. 凍豆腐切塊汆燙；馬鈴薯丸、素魚丸、素雞丸汆燙備用；香菇水發好後，去蒂洗淨，備用。
2. 青江菜洗淨汆燙；鍋中加少量油，燒至 6 成熱時，下青江菜煸炒，撒鹽調味後，取出擺盤備用。
3. 炒鍋中加少量油，燒 6 成熱時，下薑片爆香，將馬鈴薯丸、素魚丸、素雞丸、香菇加入其中煸炒至香味出，烹素高湯，大火燒沸，加鹽、味精調味後，用太白粉水勾芡，撒胡椒粉起鍋裝盤即成。

注意：香菇不要汆燙。

養生與營養：

豆腐蛋白質中含有人體自己所不能合成的 8 種必需胺基酸，其人體消化率可達 92% ～ 96%，是一種既富於營養又易於消化的食品。

青教蔬菜羹

材料：
菠菜葉 150 克，白菜 150 克，鹽 3 克
素高湯 1000 克，白胡椒粉 1 克，味精
2 克，太白粉水 30 克，麻油 15 克

口味：
時蔬清香，鹹鮮適口。

作法：
1. 菠菜葉洗淨，經榨汁機榨汁後備用；
   白菜洗淨分片，經榨汁機榨汁備用。
2. 鍋中加入菠菜汁，加素高湯大火燒
沸，加鹽、味精、白胡椒粉調味後，用
太白粉水勾芡，淋麻油，盛入容器中備
用。
3. 鍋中加入白菜汁，加素高湯大火燒沸，
   加鹽、味精、白胡椒粉調味，用太白粉
   水勾芡，淋麻油，裝入容器中備用。
4. 取一玻璃容器，兩手拿製作好的兩種湯，
   同時倒入玻璃容器中，形成太極狀即成。

注意：
菠菜羹和白菜羹的勾芡厚度要一樣，兩碗
同時倒入要平衡。

大徹大司自悟佛

材料：

大白菜 250 克，芋頭 100 克，米醋 5 克
竹筍 100 克，小香菇 12 朵，栗子 50 克
金蓮子 50 克，猴頭菇 100 克，醬油 25 克
蠔油 25 克，胡椒粉 4 克，香油 2 克
太白粉水 25 克，香菜末 5 克

口味：

鮮鹹可口，湯稠滑爽。

作法：

1. 栗子用水泡一下；小香菇泡軟去蒂，
   與其他材料一起放入佛跳牆燉盅內。
2. 將燉盅蒸約 1 小時，上桌時撒上香菜
   末即可。

注意：材料需分別汆燙。

養生與營養：

白菜營養豐富，含有大量碳水化合物和鈣、磷、鐵等。芋頭還富含蛋白質、鈣、磷、鐵、
鉀、鎂、鈉、胡蘿蔔素、維生素 B_3、維生素 C、維生素 B_1、維生素 B_2、皂角苷等多種
成分。

清涼燕麥粥

材料：
燕麥 200 克，糯米 50 克，米 50 克
小米 20 克，黃米 30 克

口味：
韌香軟糯。

作法：
1.燕麥經浸泡洗淨；糯米洗淨備用。
2.米、小米、黃米洗淨備用。
3.將燕麥、糯米、米、小米、黃米混合，
　加入水，以大火燒沸，小火慢熬成粥狀
　且所有米都軟糯熟透後即成。

注意：水與材料的比例是 5：1。

銀杏香溢麵

材料：
寬麵 600 克，銀杏 10 粒，香菜 15 克
青江菜 25 克，香辣醬 25 克，麻油 5 克
糖 4 克，鹽 6 克，味精 2 克

口味：
麵韌香辣。

作法：
1.寬麵用滾水煮熟，擺盤備用。
2.用麻油熱鍋，加糖、鹽、味精調味，將
　煮熟的寬麵繼續拌煮，加香辣醬，翻炒
　入味後裝盤，用香菜及燙熟的銀杏、青
　江菜放在寬麵上裝飾即成。

注意：寬麵現製現用現吃最佳。

養生與營養：
麵條易於消化吸收，有改善貧血、增強
免疫力、平衡營養吸收等功效。

清湯顯通羅漢素麵

材料：
麵條 500 克，青菜 100 克
香菇滷（香菇水、醬油）200 克

口味：
鹹鮮滑爽。

作法：
1. 麵條煮熟；香菇經水發好後，去蒂洗淨，經水煮透後，倒出香菇水留用。
2. 將香菇水加醬油調和成香菇滷，青菜去蒂洗淨備用。
3. 香菇滷放入鍋中，加熱至沸，下香菇、青菜煮沸，澆淋於麵條上拌勻即成。

懷台蕎麵餅

材料：
蕎麥粉 300 克，麵粉 100 克
白糖 5 克，煉乳 10 克

口味：
鮮甜酥香。

作法：
1. 將蕎麥粉、麵粉、白糖、煉乳調和均勻，成稠糊。
2. 平底鍋加少量油，大火燒至 6 成熱時，下入調好的糊，轉鍋形成餅狀，小火慢煎至兩面金黃，起鍋切片裝盤即成。

注意：請選擇新鮮的蕎麥粉。

養生與營養：
蕎麥蛋白質中含豐富賴胺酸成分，鐵、錳、鋅等微量元素比一般穀物豐富，而且含有豐富的膳食纖維。

北台野菜餅

材料：
薺菜 350 克，麵粉 100 克，玉米粉 50 克
鹽 3 克，味精 2 克

口味：
薺香四溢。

作法：
1. 薺菜洗淨、汆燙後切末，撒鹽、味精調味後備用。
2. 麵粉和玉米粉加水調和成麵團，揉入薺菜末製作成餅狀，備用。
3. 鍋中加入少量底油，大火燒至 7 成熱時，轉小火，下入薺菜餅，慢慢轉鍋，煎至內熟外焦脆後起鍋裝盤即成。

注意： 薺菜記得先汆燙浸泡。

燒賣

材料：
無筋麵粉 150 克，麵粉 100 克，味精 2 克
素三鮮餡（木耳 50 克、粉絲 100 克、豆干
100 克）250 克，鹽 6 克，

口味：
鮮香可口。

作法：
1. 無筋麵粉加麵粉調和成麵團，擀壓成薄片，備用；木耳經水發好後去蒂洗淨，切末備用。
2. 粉絲經水發好後剁末；豆干切末備用。
3. 將木耳、粉絲、豆干加鹽、味精調味，製成餡料，備用。
4. 薄片包入製作好的餡料，做成燒賣形，上籠蒸 5 分鐘至熟透，起鍋裝盤即成。

注意： 形態優美。

芳香餅中融覺悟

材料：
高筋麵粉 500 克，鹽 4 克，全麥粉 150 克
奶 50 克，芝麻 5 克，菠菜、豆干、粉絲、
黑椒粉、豆蔻粉各適量

口味：
外酥香，內鮮嫩。

作法：
1. 菠菜、豆干、粉絲、黑椒粉、豆蔻粉、
   鹽拌勻成餡料。
2. 將高筋麵粉、全麥粉加入水，和成麵團
   並發好。發好的麵團表面塗上少許奶，
   撒上芝麻，然後放入烤爐內烤 45 分鐘或
   至金黃色即可取出，涼後即成。

注意：烤爐需事先加熱到 180℃。

五台驕子是文殊

材料：
嫩豆腐乾 100 克，香菇 50 克，粉絲 50 克
鹽 5 克，味精 2 克，山藥 200 克
無筋麵粉 200 克

作法：
1. 山藥去皮洗淨，上籠蒸透製泥；無筋麵
   粉加山藥泥調和成麵團，一起擀成薄皮
   備用。
2. 香菇經水發好後，去蒂洗淨，切丁；嫩
   豆腐乾切丁備用；粉絲經水發好後切
   末，備用。
3. 將豆腐丁、香菇丁、粉絲末，撒鹽、味
   精調味後製餡，備用。
4. 將餡料包入用山藥和無筋麵粉擀好的薄
   皮中，製成餃子，上籠蒸製 10 分鐘，
   取出裝盤即成。

注意：以中小火蒸熟即可，勿蒸過老。

玉米發糕

材料：
玉米麵粉 200 克，全麥麵粉 100 克
發酵麵團 100 克

口味：
酥香軟糯。

作法：
1. 玉米麵粉、全麥麵粉經水調和成麵團，加入發酵麵團調和均勻，發酵 1 小時，製作成餅形，備用。
2. 將製作好的餅上籠蒸至熟透後取出裝盤即成。

注意： 需特別留意發酵時間和溫度。

養生與營養：
全麥食品保留了麩皮中的大量維生素、礦物質、纖維素，因此營養價值更高一些。

文殊大餅

材料：
麵粉 350 克，茼蒿 70 克

口味： 外焦內嫩，餅香四溢。

作法：
1. 麵粉加水調和，發酵 1 小時，製作成半發酵麵團，經水油粉調和製作餅狀備用。
2. 茼蒿洗淨，切末備用；將調和好的麵團揉入茼蒿末，製作成大餅狀，備用。
3. 鍋中加入少量底油，大火燒至 6 成熱時轉小火，下入大餅，烙至兩面都呈金黃色且內裡熟透，取出裝盤即成。

注意： 發酵的時間應根據季節不同而有所調整。

香煎玉米餅

材料：
玉米粒罐頭 1 瓶（250 克），麵粉 50 克
太白粉 20 克，果丹皮 20 克，玉米粉 50 克

作法：
1. 玉米粉、麵粉、太白粉按比例加水調和成稠糊狀，備用。
2. 玉米罐頭打開，倒出玉米粒，洗淨備用；果丹皮切粒，備用。
3. 將玉米粒和果丹皮放入調好的糊中，攪拌均勻備用。
4. 取平底鍋，倒少量油，大火燒至 7 成熱，轉小火，將糊倒鍋中，慢轉成餅形，待底部上色時翻過來，再小火進行煎製，待兩面金黃時取出，切片裝盤即成。

注意： 果丹皮即是山楂製成的卷。

脆皮炸鮮奶

材料：
鮮奶 350 克，番薯粉 100 克
麵包糠 120 克，麵粉 50 克

口味：
外焦內冰，奶香四溢。

作法：
1.鮮奶經冰凍後，取出備用。
2.鍋中加入多量底油，大火燒至 6 成熱時，
　將冰凍的鮮奶拍兩種粉，再沾麵包糠下
　入鍋中，待炸至金黃色後撈出控油，裝
　盤即成。

注意：鮮奶冰凍時間不宜太長。

養生與營養：牛奶具有補氣血、益肺胃、生津潤腸的作用。

福如東海飯

材料：
豆腐丁 100 克，辣豆瓣 150 克，胡椒粉 2 克
空心菜梗段、甜紅椒丁、甜黃椒丁、各 50 克
白米飯 500 克，鹽 5 克，香菇粉 4 克
醬油 25 克

口味：
鮮糯辣香。

作法：
鍋入油燒熱，下入米飯稍炒，再加
入其他材料合炒成飯即成。

養生與營養：
辣豆瓣中含有調節大腦和神經組織的重要成分鈣、鋅、錳、磷脂等，並含有豐富的膽
鹼，有增強記憶力的健腦作用。空心菜是鹼性食物，並含有鉀、氯等調節水液平衡的
元素，食後可降低腸道的酸度，預防腸道內的菌群失調，對防癌有益。

銀杏共融和諧飯

材料：
腰果仁 100 克，核桃 30 克
花生米 30 克，開心果 20 克
毛豆仁 50 克，黑芝麻 3 克
白芝麻 3 克，西生菜絲 50 克
白米飯 500 克，沙拉油適量
香菇粉 6 克，鹽 5 克

口味：
酥香軟糯。

作法：
1. 毛豆仁放入滾水汆燙，撈起備用。
2. 炒鍋加入少許沙拉油燒熱，加入白米飯炒散，再放入腰果仁、核桃、花生米、開心果、毛豆仁，加調味料調味，炒勻後加西生菜絲，起鍋即成。

注意：
起鍋前加入西生菜絲拌炒，食用前撒上黑、白芝麻即可食用。

養生與營養：
腰果是營養豐富的美味食品，含脂肪、蛋白質、澱粉、糖及少量礦物質和維生素 A、維生素 B_1、維生素 B_2。毛豆為鮮豆類，蛋白質、鈣質豐富。

南瓜炒飯

材料：
南瓜 300 克，小黃瓜 50 克，米飯 500 克
醃漬黑豆 50 克，紅辣椒 15 克，鹽 5 克
西生菜 50 克

作法：
1. 南瓜去皮洗淨切塊，上籠蒸至熟透備用。
2. 小黃瓜洗淨，切丁後汆燙；黑豆洗淨後加鹽水浸泡；紅辣椒去蒂去籽切粒，汆燙備用。
3. 西生菜洗淨切絲；米洗淨，蒸熟備用。
4. 鍋中加入少量底油，大火燒至 6 成熟時，下入南瓜和米飯小火炒散，慢速輾壓讓米粒顆粒分明，加入黃瓜丁、黑豆、紅辣椒、西生菜絲煸炒，撒鹽調味後，至米飯與材料完全融合，翻炒均勻起鍋裝盤即成。

五台齋蓧麵

材料：
蓧麵條 500 克，草菇、香菇、口蘑各 20 克
胡蘿蔔 20 克，黃瓜 10 克，豆腐 50 克
香菜 20 克，醬油 15 克，味精 4 克
素高湯 500 克

作法：
1. 蓧麵加水調和成麵團，反復擀製成片後切條，製成蓧麵條，經水煮熟後撈出。
2. 草菇、口蘑洗淨，切丁備用；香菇經水發好後去蒂洗淨，切丁備用。
3. 胡蘿蔔去皮洗淨，切丁汆燙；黃瓜、豆腐洗淨均切丁汆燙；香菜去蒂去葉，洗淨切段。
4. 鍋中加入素高湯，加入草菇、香菇、口蘑、胡蘿蔔、黃瓜、豆腐，大火煮至沸，放醬油、味精調味後，澆於麵條上，撒香菜段即成。

普陀山齋菜

山剎
名古

普陀山印象

普陀山概況

位置：位於浙江省杭州灣以東約 100 海里，是舟山群島中的一個小島，面積 12.5 平方公里，呈狹長形，南北長約 8.6 公里，東西寬 3.5 公里，制高點佛頂山海拔 283 公尺。

普陀山十二景：蓮洋午渡、短姑聖跡、梅灣春曉、磐陀夕照、蓮池夜月、法華靈洞、古洞潮聲、朝陽湧日、千步金沙、光熙雪霽、茶山夙霧、天門清梵。

普陀山三寺：普濟禪寺、法雨禪寺、慧濟禪寺
普陀山三寶：多寶塔、楊枝觀音碑、九龍藻井
普陀山三石：磐陀石、心字石、二龜聽法石
普陀山三洞：朝陽洞、潮音洞、梵音洞

普陀山與九華山、峨眉山、五台山並稱為中國佛教四大名山，是中國重點風景區之一。普陀山位於杭州灣以東約 100 海里的蓮花洋中，處舟山群島中部，距上海 149 海里。

普陀山春秋時稱甬東，西漢時稱梅嶺，至明始稱普陀。佛經記載，觀世音菩薩的道場是在印度洋上的補怛洛伽山。唐大中十二年（858 年），日本僧人慧鍔從五台山請了一尊觀音像歸國，船在舟山群島梅嶺大小二島處遇礁不前，慧鍔以為這是菩薩到家了，不願「東渡」，便在島上搭篷供奉觀音，名「不肯去觀音院」。到宋嘉定三年（1210 年），朝廷指定梅嶺為專供觀音之佛地。後根據補怛洛迦山的譯音，將梅嶺大小二島，一稱普陀山，一稱洛伽山。明萬曆三十三年（1605 年），朝廷擴建寶陀觀音寺，賜額「護國永壽普陀禪寺」，普陀的山名正式由此而始。

普陀海島氣候宜人，空氣潔淨，陽光漫射，常年多霧，雲霧彌漫，雨量充沛。島上植被茂盛，土地肥沃，茶園生態環境優良，所產茶葉品質優異。佛茶在每年清明節前後採收，取鮮葉一芽一葉或一芽二葉初展，要求「勻、整、淨、嫩」。鮮葉採回後經薄攤 -- 殺青 -- 揉捻 -- 搓團 -- 起毛和乾燥等工序製作成茶。普陀

佛茶外形「似螺非螺，似眉非眉」，色澤翠綠，香氣馥郁芬芳，湯色嫩綠明亮，味道清醇爽口，又因其似圓非圓的外形略像蝌蚪，故亦稱「鳳尾茶」。

普陀山植物

普陀水仙
原來野生甚多，經專家鑒定，此優異品種，花開時芬芳郁烈，香氣持久。

石花菜
又名鳳尾或牛毛，生長在岩石間，色微紫而葉碎小。夏天煎液成膏，服用可解熱清暑。

九死還魂草（卷柏）
形似佛手，外形美觀，生長於岩石縫中，有活血、通經、止血功能，是一種珍稀草藥。過去普陀山遍地皆是，後因缺乏栽培、管理，產量銳減。據傳，此草存放數年，形似枯萎，稍加清水，即可恢復原貌。

海邊的植物很多，在這裡不一一介紹。

普陀山養生齋菜

普陀寺素菜，清純素雅，烹製精美。其秉承佛教飲食傳統，融合了宮廷素菜的精細，民間素菜的天然，寺院素菜的純正，選料嚴格，製作精細。它革除素菜仿葷腥的製作傳統，素料素作，素名素形，獨樹一幟。既講究色、香、味，又追求形、神、器，一道菜一個雅名，神韻高雅，詩情畫意，頗受中外遊客歡迎。正如香客所云：「普陀風光美，齋菜悠然香，一品方知樂，養生在舒暢。」

水晶三仙

材料：
青豆 100 克，南瓜 75 克
牛奶 1 盒，洋菜 50 克
白糖 25 克

口味：
色澤鮮明，口感滑爽。

作法：
1. 南瓜蒸透製泥；鍋中加入清水，下入洋菜，熬化後加入南瓜泥攪拌均勻，放入容器中備用。
2. 青豆蒸透製泥；鍋中加入清水，下入洋菜，熬化後加入青豆泥攪拌均勻，取長方形容器倒入，備用。
3. 牛奶加清水、白糖，下入洋菜熬化後備用。
4. 待長方形容器中的青豆汁剛結凍時，倒入南瓜汁，待南瓜汁剛結凍時，再倒入牛奶凍，經冷藏成凍後，切片裝盤即可。

注意：建議三種材料分別製作後，再疊在一起。

故事與傳說

水晶為佛家七寶之一。在安世高翻譯的阿那邠邸化《七子經》中，水晶被列為四大寶藏之一，支妻迦識譯成的無量清淨《平等覺經》稱，水晶為七寶之一。佛家弟子確信，水晶會閃射神奇的靈光，可普渡眾生，於是水晶被尊崇為菩薩石。《談苑》說：「嘉州峨眉山有菩薩石，形六棱而銳首，色瑩而明澈，若泰山狼牙上饒水晶之類」。

六味和春

材料：
冬瓜 500 克，蘑菇精 4 克
麻油 5 克，鹽 4 克，白糖 20 克

口味：
異香可口，冬瓜酥爛。

作法：
1. 冬瓜洗淨去皮，切 2 公分的厚片備用。
2. 將切好的冬瓜放入不銹鋼桶內蒸熟後取出，放入密封罐內，加白糖、鹽、蘑菇精、麻油密封一週即可食用。

注意： 用鐵鍋易變色，蒸製時間不宜過長。

養生與營養：
冬瓜性寒味甘，清熱生津，避暑除煩，在夏日服食尤為適宜。高血壓、腎臟病、浮腫病等患者食之，可達到消腫而不傷正氣的作用。

故事與傳說

冬瓜甘中鹹，涼中回爽感。海島風波大，品嘗心裡暖。來普拜觀音，誠實感自慰。此菜如白玉，潔白亮晶晶。

蓮中聖果

材料：
蜜棗 250 克，腰果 200 克
芝麻 150 克，白糖 150 克

口味：
外軟內脆，香甜可口。

作法：
1. 蜜棗去核洗淨；芝麻炒熟備用。
2. 鍋中加入多量底油，大火燒至 5 成熟時，下入蜜棗、
   腰果炸熟，撈出瀝油備用。
3. 鍋中加入少量清水，加入白糖熬至濃稠，下入蜜棗、
   腰果翻炒均勻，起鍋前撒上芝麻裝盤即成。

注意：熬糖的時候火宜小不宜大。

養生與營養：
棗能提高人體免疫力。藥理研究發現，紅棗能促進白血球的生成，降低血清膽固醇，
提高血清白蛋白，保護肝臟。腰果味甘、性平、無毒，可治咳逆、心煩、口渴。《本
草拾遺》云：「腰果仁潤肺、去煩、除痰。」；《海藥本草》亦云：「主煩躁、心悶、
傷寒清涕、咳逆上氣。」

故事與傳說

天竺（古印度）盛產長蓮，有青、黃、紅、白四種。佛教中所說的蓮花多指代白蓮，
名為芬陀利花。佛教以蓮花喻佛法，故有《妙法蓮華經》。以大慈大悲聞名的觀音，
更是身穿白衣，坐在白蓮花上，一手持著淨瓶，一手執著白蓮，仿佛在表露觀音
懷著的一顆純潔的菩薩心，全力導引信徒脫離塵世，到達荷花盛開的佛國淨土。
蓮花佛國中，觀音自在行。此菜在展示大悲慈懷的觀音菩薩在普陀山修行念經的
場景。

清雅銀杏

材料：
金針菇 300 克，銀杏 200 克
百合 100 克，鹽 6 克
蘑菇精 4 克，麻油 15 克

口味：
鹹鮮可口。

作法：
1. 新鮮金針菇洗淨汆燙，備用；銀杏洗淨煮熟備用；百合洗淨，汆燙備用。
2. 取一容器，放入金針菇、銀杏、百合，加鹽、麻油、蘑菇精（以少量溫水化開），調味後攪拌均勻，裝盤即成。

注意：金針菇汆燙時間不宜過長。

故事與傳說

菩陀有高大挺拔的古銀杏，它們歷盡滄桑、氣勢雄偉，樹幹虬曲、蔥鬱莊重。選取優美的銀杏，加工後放入盆之中，令人怡情悅目。銀杏樹是佛家寺廟中的常見樹，銀杏喻示著慈悲、安祥、長壽。

金匙銀珠

材料：
去皮花生米 350 克
蘿蔔乾 200 克
紅椒 25 克，鹽 6 克
味精 4 克，麻油 15 克
青豆 30 克

口味：
鹹香脆爽。

作法：
1. 去皮花生米煮熟；蘿蔔乾洗淨切丁備用。
2. 紅椒去籽去蒂，洗淨切粒，汆燙備用；青豆洗淨，煮熟備用。
3. 取一容器，將花生米、蘿蔔乾丁、紅椒粒、青豆放入，用鹽、味精（以少量溫水化開）、麻油調味，攪拌均勻後裝盤即成。

注意：選擇大小一致的食材。

養生與營養：
花生中的微量元素具有扶正補虛、悅脾和胃、潤肺化痰、滋養調氣、利水消腫、止血生乳、清咽止瘧的作用。蘿蔔具特有辣味，生食可助消化、健胃消食、增加食欲，胃酸脹滿燒心時吃生蘿蔔或嚼鹹蘿蔔可消食順氣。

故事與傳說

在西方極樂世界中有「七寶」，第一「寶」就是金銀，金代表一種健康，許多請回家的菩薩要鑄金身，表示「金身護體，百病不侵」，代表健康長壽之意。銀同樣也代表健康長壽。銀還是辟邪之物，代表著「佛祖」的光芒，剛出生的小孩戴銀飾就是祈求平安、健康之意。金銀俱全，福壽健康。

糯荷爭春

材料：
蓮藕 600 克，糯米 300 克
桂花糖 20 克，蜂蜜 50 克
白糖 150 克

口味：
糯香軟甜。

作法：
1. 蓮藕去皮洗淨，取一端製成中空容器；將糯米洗淨，放桂花糖拌勻，塞入藕內封口，備用。
2. 將白糖入鍋炒至呈深紅色時取出，製成天然著色劑；鍋中加入開水和炒好的深紅色白糖，放入裝了糯米的藕，大火燒沸，小火慢燉 2 ～ 3 小時，大火收汁，取出切成適當大小，裝盤澆蜂蜜即成。

注意： 糯米灌實，汁要濃稠。

細說主食材

藕，又稱蓮藕，屬睡蓮科植物。藕原產於印度，後來引入中國，迄今已有三千餘年的栽培歷史。藕在中國南方諸省均有栽培，品種有兩種，即七孔藕與九孔藕。江浙一帶較多栽培七孔藕，該品種質地優良，根莖粗壯，肉質細嫩，鮮脆甘甜，潔白無瑕，人們均愛食。蓮的各部分名稱不同，均可供藥用，蓮的柄名荷梗，葉名荷葉及荷葉蒂。荷花蕊名蓮須，果殼名蓮蓬；果實為蓮肉或蓮子，其中的胚芽名蓮心，蓮的地下莖名藕（藕節藥力極強）。

桃源洞府

材料：
竹筍 100 克，鹽 5 克
毛豆 100 克，山椒 25 克
高麗菜 50 克，味精 4 克
麻油 15 克

口味：
清香可口。

作法：
1. 竹筍洗淨，切片，煮熟放涼備用；毛豆洗淨，煮熟放涼備用。
2. 山椒去籽、蒂，洗淨汆燙，放涼備用；高麗菜洗淨，汆燙放涼備用。
3. 取密封罐，放竹筍、毛豆、山椒、高麗菜，加鹽、味精（以少量溫水調開）和麻油調味後密封 2 天，取出裝盤。

注意：材料要分別汆燙。

養生與營養：
具有清熱化痰、益氣和胃、治消渴、利水道、利膈爽胃等功效。江浙民間以蟲蛀之筍供藥用，名「蟲筍」，為有效之利尿藥，具有低脂肪、低糖、多纖維的特點，食用竹筍不僅能促進腸道蠕動，幫助消化，去積食，還是肥胖者減肥的佳品。養生學家認為，竹林叢生之地的人們多長壽，且極少患高血壓，這與經常吃竹筍有一定關係。

故事與傳說

世外桃源是一個人間生活理想境界的代名詞。四海茫茫島在中，上島之後桃源洞。此景近法雨寺周圍，原指靜心修道的理想境界，後也指悟禪的地方。借指一種實現自己理想的美好地方。品其菜方知味道在其中。

翠玉金絲

材料：
萵筍 350 克，金針菇 150 克
紅椒 25 克，木耳 150 克
鹽 5 克，味精 3 克
白醋 8 克，麻油 15 克

口味：
鹹鮮脆嫩。

作法：
1. 萵筍洗淨切絲，汆燙備用；金針菇洗淨，汆燙備用；紅椒去籽、蒂，洗淨切絲後汆燙。
2. 木耳經水發好後洗淨切絲，汆燙備用；取一容器，將萵筍絲、金針菇、紅椒絲、木耳絲加鹽、白醋、麻油、味精（溫水化開）調味後攪拌均勻，裝盤即成。

注意： 建議選擇大而粗的萵筍，且絲要切得均勻。

養生與營養：
營養學家把萵筍視為貧血患者的最佳食材。李時珍也說：「萵筍，通經脈，開胸膈。」

故事與傳說

萵筍原產於中國，地上莖可供食用，莖皮白綠色，莖肉質脆嫩，幼嫩莖翠綠，成熟後轉變白綠色。萵筍由普陀的朝拜者帶到普陀，就成了一道特色涼菜。

疊翠蓮雲

材料：
青豆 350 克，洋菜 500 克
白糖 100 克，檸檬水 50 克

口味：
色澤碧綠，爽口軟糯。

作法：
1. 青豆洗淨，上籠蒸泥備用。
2. 鍋中加入白糖和檸檬水，加入少量清水，放入洋菜熬化，再將青豆泥加入其中，攪拌均勻，裝入小碟中（小碟子的裡面抹少許油，方便扣出），待冷卻後扣出裝盤即成。

注意：選擇新鮮青豆。

養生與營養：
青豆中富含皂角苷、蛋白酶抑制劑、異黃酮、鉬、硒等抗癌成分，對前列腺癌、皮膚癌、腸癌、食道癌等幾乎所有的癌症都有一定的抑制作用。

故事與傳說

絲竹聽音堪靜臥，月隱峰青詩冷透。蓮池又見千堆雪，臨屏無句心惆悵。信手拈來禪六世，觀音慈祥大悲歌。

珠圓玉潤

材料：
浙江小馬鈴薯 500 克
紅燒汁 75 克

口味：
色澤紅亮，口味微甜。

作法：
1. 馬鈴薯去皮，洗淨汆燙備用。
2. 鍋內加入紅燒汁，下入馬鈴薯，大火燒沸，小火慢燉至入味後，大火收汁，起鍋裝盤即成。

注意： 選擇大小一致的馬鈴薯。

養生與營養：
馬鈴薯具有和中養胃、健脾利濕、降糖降脂、美容養顏、補充營養、利水消腫的功效。此外，馬鈴薯含有大量澱粉，可寬腸通便，預防腸道疾病的發生。

故事與傳說

佛珠是佛教徒用以念誦記數的隨身法具，在僧俗間廣泛使用。本稱「念珠」，起源於持念佛法僧三寶之名，用以消除煩惱障和報障。通常可分為持珠、佩珠、掛珠三種類型，每串佛珠數目表徵不同的含義。佛珠的質料不勝枚舉，以「七寶」所製成的佛珠最為殊勝尊貴，而菩提子則是最為人們所熟知的一類佛珠。佛珠是弘法最為方便的法器，在使用佛珠時，不要過分地計較它的構造、顆數和質料才好。只要能做到「靜慮離妄念，持珠當心上」，也就可以早證菩提、成就涅了。

菌菇獻瑞

材料：
西生菜 75 克，杏鮑菇 350 克
蘑菇精 3 克，鹽 3 克，白糖 2 克
菌菇湯 300 克，麻油適量

口味：
美味可口，複合口味。

作法：
1. 西生菜洗淨，瀝乾水分擺盤；杏鮑菇洗淨，切大厚片備用。
2. 杏鮑菇加鹽、白糖，放入菌菇湯大火燒沸，小火慢煨 1 小時，加蘑菇精調味，淋麻油起鍋裝盤即可。

注意： 杏鮑菇先汆燙後煨制。

養生與營養：
生菜富含水分，每 100 克食用部分含水分達 94%～96%，故生食清脆爽口，特別鮮嫩，具清熱、消炎、催眠的作用。杏鮑菇營養豐富，富含蛋白質、碳水化合物、維生素及鈣、鎂、銅、鋅等礦物質，可以提高人體免疫功能，對人體具有抗癌、降血脂、潤腸胃以及美容等作用。

故事與傳說

杏鮑菇口感很像鮑魚，島上常以此菜作為新年禮物，敬拜觀音。

榨菜豆腐

材料：
嫩豆腐 500 克，榨菜 100 克
麻油 5 克，麵粉 30 克
燒汁 50 克

口味：
滑嫩鹹鮮。

作法：

1. 豆腐採夾刀片切法，切好
   備用；香菜摘去葉子洗淨，
   切段備用；榨菜剁末備用。

2. 鍋中加入多量油，燒至 6 成熱時，將豆腐拍粉炸
   至金黃色，撈出瀝油，備用。

3. 鍋中放油，燒至 5 成熱時，下榨菜末、美味燒汁
   和炸好的豆腐大火燒沸，小火慢煨 5 分鐘至入味，
   撒上香菜段，淋麻油裝盤即成。

注意：
豆腐切塊用夾刀片，清除一部分豆腐，保持原形。
燒汁配方各家做法不同，可依個人喜好調整。以下
提供一配方供大家參考：清酒、醬油各 3 大匙，米
酒、蠔油、白糖各 2 大匙。

故事與傳說

中國是豆腐之鄉。據五代謝綽《宋拾遺錄》載：「豆腐之術，三代前後未聞。
此物至漢淮南王亦始傳其術於世。」南宋大理學家朱熹也曾在《素食詩》中
寫道：「種豆豆苗稀，力竭心已腐；早知淮南術，安坐獲泉布。」詩末自注：
「世傳豆腐本為淮南王術。」

雙菇和合

材料：

香菇 500 克，口蘑 500 克
醬油 75 克，八角 15 克
小茴香 10 克，白糖 20 克
蘑菇精 5 克，麻油 25 克
鹽 4 克，青花菜 50 克
素高湯 20 克

口味：

口感軟糯，回味濃香。

作法：

1. 口蘑洗淨，切花刀；香菇經水發好後，去蒂洗淨；青花菜洗淨，分塊加鹽燙熟，擺盤備用。
2. 將洗淨的口蘑與香菇一起入鍋，烹入素高湯，加入醬油，下洗好的八角和小茴香，入白糖和鹽調味滷 15 分鐘，至雙菇熟透，大火收汁，加蘑菇精，淋麻油起鍋裝盤即可。

注意：少加湯，小火燒。

故事與傳說

南北雙菇巧和合。北菇口蘑張家口，南菇遍山是芳香，這是島上的一大特色，是僧人們南北菌菇的交融。

禪味獻寶

材料：

瓠瓜 500 克
什錦菌菇料 150 克
醬油 50 克，白糖 6 克
味精 4 克，麻油 20 克

口味：

軟糯適度，複合口味。

作法：

1. 瓠瓜洗淨，切成 2 公分的厚片，備用。
2. 鍋中加入多量底油，大火燒至 6 成熱時，下入瓠瓜炸 10 秒，撈出瀝油。
3. 鍋中加素高湯，放入炸好的瓠瓜段，放入醬油、白糖調味後小火慢燉至入味熟透，大火收汁，加味精提鮮，淋麻油起鍋裝盤，放入什錦菌菇料即成。

注意： 瓠瓜片應求大小一致。

故事與傳說

距今二千多年前，印度阿育王的福力特別好勝。阿育王想考驗自己的福德、威力是否能夠懾服龍王，因此發動了千乘萬騎的兵將，敲鐘擊鼓，旌旗展揚地來到海邊。阿育王厲聲向大海呼喊說：「龍王！你在我的國界內，為什麼抗拒不來見本大王？」他雖然再三地呼喊，龍王卻安然不動，視若無睹。
尊者說：「龍王的福德，超過於大王之上，所以他的像較重。大王的福德不夠，所以比龍王的像輕。若想輕者變重，必須修德培福，才能如願。」
阿育王聽聞尊者的開示之後，知道自己的福德淺薄，深感慚愧，因此更發勇猛精進之心，廣種福田。從此每天精進修持顯密佛法，瓠瓜也成了修行的食物。

雙嬌弄玉

材料：
老豆腐 400 克
豆干 150 克
鹽 5 克

口味：
鹹鮮可口。

作法：
1. 將豆干切成樹葉狀圍在盤上，備用。
2. 老豆腐稍洗；鍋中加少量底油，大火燒至 6 成熱時，小火下入老豆腐煎至兩面金黃色時取出，經鹽水浸泡後擺盤即成。

注意：煎時注意火候。

故事與傳說

古人認為玉有以下幾方面含義：（1）萬物主宰說：認為玉能代表天地四方神明以及人間帝王，能夠增進神玉人之間的交流，傳達上天的資訊和意志，是天地宇宙和人間禍福的主宰。（2）天地精華說：認為玉由天地萬物的精華形成，具有神奇的力量。（3）玉有五德說。（4）辟邪除祟說：認為玉有超自然的力量。人們隨身佩玉，可以增加抵邪氣侵襲的能力，因為玉能辟邪除祟，保障佩玉人的安全。（5）延年益壽說：認為玉具有能使人長壽的功能，人們通過佩玉可以永駐青春。

八寶齋飯

材料：
糯米 350 克，銀杏 50 克
香菇 50 克，核桃仁 30 克
紅棗 12 顆，素高湯 25 克
銀耳 50 克，味精 2 克
青花菜 8 朵，鹽 4 克
太白粉水 10 克

口味：
鹹鮮微甜。

作法：
1. 銀杏洗淨，浸泡至軟；香菇經水發好後去蒂，洗淨切丁；青花菜汆燙備用。
2. 銀耳經水發好後切丁；核桃仁洗淨；紅棗洗淨去核；糯米洗淨蒸熟，製作成糯米飯備用。
3. 將熟糯米飯加熟銀杏、香菇丁、水發銀耳、紅棗、核桃仁入籠蒸 40 分鐘，反扣於盤中。
4. 鍋中加入素高湯，大火燒至沸後，以鹽、味精調味後用太白粉水勾芡，澆淋於八寶飯上，再擺上青花菜即成。

注意：在碗底擺盤，可根據實際情況擬定擺法。

故事與傳說

普陀當地自古就有拜佛、求平安的習俗，生意人更藉拜佛來祈求生意興隆、財源廣進、財運亨通。時值新年將近，更逢「佛成道節」（臘八節），為了能獲得明年的好運程，在「臘八」吉日登普陀山，為新的一年祈福，祈求萬事順意、財源亨通，祈求親人、朋友在新的一年當中事事順心。

百合素裹

材料：
油豆腐皮 3 張，味精 3 克，醬油 5 克
香菜 15 克，青豆 20 克，百合 50 克
胡蘿蔔 100 克，素高湯 25 克，鹽 3 克
香菇 100 克，太白粉水適量

口味：
鹹香可口，酥軟柔韌。

作法：

1. 油豆腐皮經溫水浸泡至軟；胡蘿蔔去皮洗淨，切絲；百合洗淨汆燙備用。

2. 香菇經水發好後去蒂洗淨，切絲；香菜去葉，洗淨切段；青豆洗淨蒸泥備用。

3. 胡蘿蔔絲、香菇絲、青豆泥加鹽調味後卷包入油豆腐皮中備用。

4. 鍋中下多量底油，燒至 6 成熱時，下入作法 3 卷成的卷，炸至金黃後撈出瀝油，切成適當大小成型，裝盤備用。

5. 百合片擺在上面，勺中加素高湯，大火燒沸，用醬油、味精調味，再用太白粉水勾芡，澆淋於擺好盤的材料上即成。

注意： 卷包大小需一致。

故事與傳說

百合象徵慈悲，素裹寓意著包容。西元 4 世紀時，人們只將百合作食用和藥用。及至南北朝時代，梁宣帝發現百合花很值得觀賞，他曾作詩云：「接葉多重，花無異色，含露低垂，從風偃柳」。讚美它具有超凡脫俗、矜持含蓄的氣質。

菜鬆扣奉芋

材料：
熟奉化芋頭 500 克，香菇 20 克
胡蘿蔔 50 克，油菜 100 克
鹽 5 克，味精 5 克，筍 20 克
素高湯 50 克，太白粉水 15 克

口味：
鹹鮮糯香微甜。

作法：
1. 熟芋頭去皮製成泥；胡蘿蔔去皮洗淨，先切出 5 片，再將剩下的蒸成泥；筍洗淨切三角形片；香菇去蒂，洗淨切碎；油菜擇葉切條，油炸成菜鬆圍在盤邊。
2. 將芋頭泥、胡蘿蔔泥、香菇碎加鹽調味後，取一碗，碗底擺胡蘿蔔片和筍片，壓雙泥入籠蒸 40 分鐘，反扣在盤中，備用。
3. 鍋中加入素高湯，大火燒沸，以鹽、味精調味後用太白粉水勾芡，澆淋於蒸好的雙泥上即成。

注意：記得將雙泥壓實。

故事與傳說

芋頭在奉化的栽培可追溯到宋代。明代中葉，魁芋類大芋頭開始在奉化引種，因芋頭可做主食，且風味獨特，被稱為「奉化芋艿頭」。宋人有《收芋偶成》詩：「數窠岷紫破窮搜，珍重留為老齒饈。粒飯如拳饒地力，糝囊得手擅風流。家貧自盍勤多種，歲晚何當飽一收。回首人閑劍炊米，誰知煨爐有爐頭。」

晨光佛珠

材料：

青江菜 18 棵，味精 3 克
老豆腐 500 克，麻油 2 克
麵粉 25 克，素高湯 500 克
胡椒粉 2 克，竹筍 25 克
香菇 50 克，鹽 5 克
太白粉 25 克

口味：

鹹鮮酥軟，清脆湯美。

作法：

1. 青江菜洗淨，汆燙擺盤；豆腐壓泥；香菇經水發好後，去蒂洗淨切粒備用。
2. 竹筍洗淨，切粒備用；豆腐泥加香菇粒和竹筍粒，放鹽、味精、胡椒粉調味後，加麵粉、太白粉揉成丸子。
3. 鍋中加入多量底油，大火燒至 6 成熱時，下入製作好的丸子，炸成金黃撈出瀝油備用。
4. 砂鍋中加入素高湯大火燒沸，小火慢燉 30 分鐘，以鹽、味精、胡椒粉調味後淋麻油，擺盤上桌即成。

注意： 炸製丸子應大小均一，砂鍋開鍋即可。

養生與營養：

豐富的纖維素可促進腸壁蠕動，幫助消化。豆腐具有益氣、補虛等多方面的功能。香菇是具有高蛋白、低脂肪、多醣、多種胺基酸和多種維生素的菌類食物。

故事與傳說

佛家敬香客的傳統菜。「晨光海上起，佛珠閃弘光。」

粉蒸荷香四季豆

材料：
四季豆 500 克，炒米粉 125 克
薑 20 克，鹽 4 克，味精 2 克

口味：
微鹹。

作法：
1. 四季豆洗淨，切段汆燙；薑洗淨切片。
2. 鍋中加入少量底油，燒至 6 成熱時，下入薑片爆香，放入四季豆煸炒，去掉青乾味後起鍋瀝盡水分，加鹽、味精調味後；米粉炒後備用。
3. 米粉在四季豆上滾勻，入籠蒸製 15 分鐘，起鍋裝盤即成。

注意：要將米粉滾均勻。

雙色佛珠

材料：
馬鈴薯 300 克，香菇 150 克，鹽 8 克
黑米 150 克，筍 75 克，太白粉 25 克

作法：
1. 馬鈴薯去皮洗淨，上籠蒸至熟透，製成泥；筍洗淨，切末；黑米磨粉備用。
2. 香菇經水發好後洗淨去蒂，切粒備用；將馬鈴薯泥加太白粉、筍末，放入鹽調味後製成丸子，備用。
3. 黑米粉加太白粉、香菇粒，撒下鹽調味後製作成丸子備用。
4. 鍋中加入多量底油，大火燒至 6 成熱時，分別下入兩種丸子，炸至熟透後撈出瀝油，裝盤即成。

荷塘月色

材料：

豆腐 300 克，香菇 75 克
筍 100 克，芋頭 300 克
番茄醬 75 克，髮菜 30 克
素高湯 20 克，白糖 10 克
白醋 5 克，太白粉水適量

口味：

鹹、微甜。

作法：

1. 豆腐切片，修樹葉狀備用；香菇經水發好後去蒂，切絲汆燙；筍洗淨切末汆燙備用。

2. 芋頭去皮洗淨，蒸成泥後製成藕狀擺盤備用；香菇絲擺於每節藕上，形成藕段；髮菜經水發好後，汆燙做成藕節。

3. 鍋中加入多量底油，燒至 5 成熱時，下入豆腐片炸熟後，撈出瀝油擺成荷花狀，備用；筍末加在蓮心上，做蓮子。

4. 鍋中加入少量底油，燒至 6 成熱時，下入番茄醬，煸炒至香味出後，烹素高湯，加白糖、白醋調味後，用太白粉水勾芡，澆淋於蓮花和藕上即成。

注意： 軟炸時色不宜深。

故事與傳說

朱自清先生有一篇散文叫《荷塘月色》。此菜也叫「荷塘月色」，描述了普陀山普濟寺前的一個大荷塘夏天的景色，清新而高雅。

吉利三絲卷

材料：

香菇 150 克，油菜 50 克，胡蘿蔔 100 克
鮮筍 100 克，麵包糠 75 克，味精 2 克
鹽 4 克，威化紙（糯米紙）20 張

口味：

鹹香可口。

作法：

1. 香菇發好切絲備用；油菜製成菜鬆平鋪
   於盤中。
2. 胡蘿蔔洗淨去皮，切成長 4 公分、寬 0.1
   公分的細絲，汆燙備用；鮮筍切細絲，
   汆燙備用。
3. 取威化紙將香菇絲、胡蘿蔔絲、筍絲加
   鹽、味精調味後包成卷；將三絲卷沾麵
   包糠備用。
4. 鍋中加多量底油，燒至 8 成熱時放入三
   絲卷，炸呈金黃色撈出瀝油，擺盤即可。

注意： 卷的大小應一致。

椒香平菇

材料：

平菇 300 克，味精 2 克，玉米 150 克
玉米粉 5 克，馬鈴薯 100 克，鹽 4 克

作法：

1. 將平菇洗淨，切 0.1 公分厚的薄片，汆
   燙後加鹽、味精調味；將馬鈴薯洗淨，
   切長 5 公分、厚 0.1 公分的細絲，備用。
2. 鍋中加多量底油，油溫至 7 成熱時將平
   菇拍玉米粉，炸至金黃色後瀝油擺盤。
3. 把馬鈴薯細絲絣成網狀；鍋中加多量底
   油，油溫 7 成熱時下馬鈴薯網，定型後
   撈出擺盤。
4. 將玉米去皮去絲後，上蒸籠蒸熟，切片
   擺盤即成。

注意： 形式美觀。

金絲芋球

材料：

豆腐皮 250 克，芋頭 300 克
香菇 150 克，野菇絲 75 克
鹽 4 克，味精 2 克

作法：

1. 芋頭切細絲，汆燙後備用；
   發好的香菇去蒂切絲，備
   用；野菇絲汆燙備用。

2. 把芋頭絲、香菇絲、野菇絲加鹽、味精調味後
   製作成餡料。

3. 將餡料用豆腐皮包裹住，鍋中加多量底油，待
   油溫升到 7 成熱時，下入豆腐卷包，炸透後撈
   出瀝油，裝盤。

4. 鍋中加多量底油，將豆腐皮切成厚 0.1 公分的細
   絲，待油燒至 7 成熱時，加入細絲炸至透後瀝
   油，撒在豆腐卷包上即成。

注意：應特別注意油溫和火侯。

故事與傳說

黃金是人類較早發現和利用的金屬。由於它稀少、特殊和珍貴，自古以來被視為
五金之首，有「金屬之王」的稱號，享有其他金屬無法比擬的盛譽，其顯赫的地
位幾乎永恆。正因為黃金具有這一「貴族」的地位，使它在一段時間內曾是財富
和華貴的象徵，用它作金融儲備、貨幣、首飾等。到目前為止黃金在上述領域中
的應用仍然占主要地位，而在佛教，也常常有佛之金身，閃閃發光象徵吉祥和佛
法無邊的說法。

金湯白玉

材料：
南瓜 350 克，百合 100 克
嫩豆腐 150 克，松子 30 克
青花菜 12 朵，鹽 5 克
味精 2 克

口味：
微甜、養胃。

作法：
1. 青花菜洗淨切塊汆燙；百合洗淨後汆燙備用。
2. 鍋中加多量底油，燒至 7 成熱時下入松子，炸透後迅速撈出瀝油；南瓜洗淨去皮，榨汁後備用。
3. 鍋中加少量底油，燒至 8 成熱時，將青花菜、百合、嫩豆腐、松子放入煸炒，加鹽、味精調味後起鍋，擺盤。
4. 將南瓜汁熬至濃稠後，再澆淋於菜肴之上即可。

注意：南瓜汁要做得細緻點。

金箱豆腐

材料：

老豆腐 350 克，香菇 50 克
鮮筍 75 克，香芹 15 克
鹽 5 克，木耳 75 克
紅燒汁 75 克（由鹽 2 克、醬油 10 克，味精 2 克、糖 10 克，水 50 克和太白粉水少許調和而成）

作法：

1. 老豆腐切成長 4 公分、寬 2 公分的長方形條，備用。
2. 鍋中加多量底油，待油溫至 8 成熱時，放入老豆腐，炸至金黃色後撈出瀝油，挖空後備用。
3. 將香菇發好後切粒，鮮筍洗淨去皮後切小粒，發好的木耳切末，將上述加工好的材料加鹽調味；勺中加少量油，待油至 6 成熱時稍微一炒，製成餡料。
4. 在豆腐中釀入餡料後上籠蒸透，擺盤；紅燒汁燒熱後澆淋在擺盤的豆腐塊上，再擺上香芹裝飾即成。

注意： 各種小粒稍微一炒即可。

菊花豆腐

材料：
豆腐皮 300 克，鹽 3 克
鮮菇高湯 600 克
胡椒粉 2 克

口味：
清淡可口。

作法：
1. 將豆腐皮切成寬 5 公分的長條。
2. 將豆腐皮一側切梳子花刀後卷包起來，用豆腐絲紮緊，即成菊花狀。
3. 鍋中加入鮮菇高湯，加入菊花形的豆腐皮大火燒開，小火慢燉 20 分鐘後，加入鹽、胡椒粉調味，起鍋即成。

注意：火宜小不宜大。

故事與傳說

中國古代又稱菊花為「節花」和「女華」等。又因其花開於晚秋和具有濃香故有「晚豔」、「冷香」之雅稱。菊花歷來被視為孤芳亮節、高雅冰霜的象徵，代表著名士的斯文與友情的真誠，此菜名為菊花豆腐，實則體現了佛齋廚師那精湛的刀工和借花獻佛之心。

梅菜湯圓

材料：
梅乾菜 300 克
湯圓粉（糯米粉）500 克

口味：
香酥、微甜。

作法：
1. 將梅乾菜切成細末，備用。
2. 用湯圓粉將切成末的梅乾菜包裹其中，揉成丸子。
3. 鍋中加多量底油，燒至 7 成熱時下入揉搓好的丸子，炸至金黃後迅速撈出，瀝油裝盤即成。

注意：注意梅乾菜的鹹度，用前氽燙一下會更香。

養生與營養：
梅乾菜香味撲鼻，解暑熱，潔臟腑，消積食，治咳嗽，生津開胃，故紹興居民每至炎夏必以乾菜燒湯，其受用無窮也。糯米富含 B 群維生素，能溫暖脾胃，補益中氣，對脾胃虛寒、食欲不佳、腹脹腹瀉有一定緩解作用。

美味冬瓜脯

材料：
冬瓜 500 克
素鮑魚汁 75 克

口味：
鹹香、軟糯。

作法：
1. 將冬瓜去皮，洗淨後切成半圓形大塊，並在冬瓜塊上用刀切十字花刀，以使其更入味。
2. 鍋中加少量底油，燒至 7 成熱時，下入冬瓜，加素鮑魚汁烹鍋。
3. 大火燒開，小火油燜至冬瓜熟透，起鍋裝盤即成。

注意： 火宜小並加蓋。

養生與營養：
冬瓜味甘淡，性微寒，含蛋白質、醣類、胡蘿蔔素、多種維生素、膳食纖維和鈣、磷、鐵，且鉀鹽含量高，鈉鹽含量低。常食冬瓜清熱解毒、利水消痰、除煩止渴、祛濕解暑，用於輔助治療心胸煩熱、小便不利、肺癰咳喘、肝硬化腹水、高血壓等。

故事與傳說

觀世音菩薩，全稱尊號是「大慈大悲救苦救難觀世音菩薩」。觀世音的名字蘊含了菩薩大慈大悲濟世的功德和思想。據《妙法蓮華經普門品》記載，「若有無量百千萬億眾生受諸苦惱，聞是觀世音菩薩，一心稱名，觀世音菩薩即時觀其音聲，皆得解脫。」又說：「若有眾生多於淫欲，常念恭敬觀世音菩薩，便得離欲。若多嗔恚，常念恭敬觀世音菩薩，便得離嗔。若多愚癡，常念恭敬觀世音菩薩，便得離癡。」冬瓜肉潔白通透，就好似那觀音的白衣一樣，喻示著觀音菩薩懷有純淨的菩提之心和無限的法力救世人於水火苦難之中。

米湯豆腐球

材料：
小米 250 克，豆腐 500 克
青江菜 20 克，菌菇 75 克
筍 75 克，太白粉 20 克
鹽 4 克，胡椒粉 2 克

口味：
微鹹、可口。

作法：
1. 小米洗淨，加清水大火燒開，小火熬燉半小時，得到小米湯；將豆腐用手捏成泥，備用。
2. 菌菇洗淨切末；筍洗淨後切細末，備用。
3. 豆腐泥、菌菇末、筍末加太白粉、鹽、胡椒粉調味後揉搓成圓球狀，備用。
4. 小米湯大火燒開，下入豆腐、菌菇、筍末調味製成的丸子，大火燒沸，小火慢燉至熟，加青江菜起鍋即成。

注意：要加澱粉，豆腐要細。

故事與傳說

相傳在湖州有一對鄰居，張老漢是經營米鋪的，專賣小米；陳老漢是賣豆腐的。由於兩家屋子挨得太近，經常為了自己屋子的面積而相互爭吵，成了一對冤家，從此再不來往。觀音菩薩化作一個很有錢的商人來教化兩人，她買了陳老漢多餘的豆腐，很便宜地賣給張老漢，又花錢請張老漢介紹很多親戚朋友來購買陳老漢的豆腐，漸漸地兩家有了往來，以前的隔閡也都消除了，成了魚水之親，誰都需要誰，誰都離不開誰。並且經過發展，兩家發現，用小米湯製作的豆腐丸子別有一番風味。這時觀音菩薩現出合掌法相，教化人們應該合衷共濟，和諧相處。

其樂融融

材料：

豆腐丸子 350 克
雜菌菇 450 克
鹽 6 克，味精 4 克
燒汁 15 克

口味：

爽口鹹鮮。

作法：

1. 雜菌菇洗淨，備用；勺中加清水，燒至沸後加入豆腐丸子汆熟，備用。
2. 鍋中加少量底油，燒至 7 成熱時，加入雜菌菇，用燒汁烹鍋，大火燒開，小火慢燉。
3. 豆腐丸子擺盤，將燒好的雜菌菇大火收汁，加鹽、味精調味後起鍋，擺盤即成。

注意：豆腐內加糯米粉、澱粉可製成丸子。

養生與營養：

豆腐具有益氣、補虛等多方面的功能。常吃豆腐可以保護肝臟，促進機體代謝，增加免疫力並且有解毒作用。

故事與傳說

淮南王劉安，是西漢高祖劉邦之孫，西元前 164 年封為淮南王，都邑設于壽春（即今安徽壽縣城關），名揚古今的八公山正在壽春城邊。劉安雅好道學，欲求長生不老之術，不料煉丹不成，豆汁與鹽滷化合成一片芳香誘人、白白嫩嫩的東西。當地膽大農夫取而食之，竟然美味可口，於是取名「豆腐」。

薺菜玉珠

材料：
豆腐 300 克，薺菜 100 克，胡椒粉 3 克
鮮菇高湯 500 克，味精 4 克，鹽 6 克

口味：
鹹鮮爽脆。

作法：
1. 豆腐用刀壓成豆腐泥備用；薺菜洗淨後
   切細末，備用。
2. 豆腐泥和薺菜末混合，加鹽、味精調味
   後製成丸子形；鍋中加清水，燒至沸後
   加入豆腐薺菜丸子汆熟，撈出備用。
3. 鍋中加入鮮菇高湯，加鹽、味精、胡椒
   粉調味，大火燒沸加入丸子起鍋即成。

注意：
丸子不要做太大，汆燙時間不要太長。

情思故鄉

材料：
蕎麥包 8 個，野山椒 35 克，豆干 100 克
香菇 50 克，紅辣椒 25 克，鹽 5 克
味精 3 克

口味：
微辣、鹹鮮。

作法：
1. 野山椒洗淨，去籽、蒂後切成小丁；豆
   干切小丁；發好的香菇切小丁；紅辣椒
   去籽去蒂，切小丁備用。
2. 鍋中加少量底油，燒至 7 成熟時，放入
   切好的各種丁，煸炒至熟，加鹽、味精
   調味後放入盤中間；蕎麥包上籠蒸熟後
   擺盤即成。

注意： 要購買檢驗合格的蕎麥包。

雀巢小炒

材料：
芋頭雀巢 9 個，玉米粒 150 克
萵筍 75 克，小石耳 25 克
鹽 3 克，味精 2 克，

口味：
鹹鮮、可口。

作法：
1. 芋頭雀巢放入盤中擺好；將萵筍洗淨後切小丁；將發好的石耳洗淨；玉米粒洗淨，汆燙後備用。
2. 鍋中加少量底油，待燒至 8 成熱時，下入萵筍丁、玉米粒和小石耳翻炒，加鹽、味精調味，分裝在芋頭雀巢中即可。

注意：建議將芋頭雀巢在微波爐裡事先加熱一下。

故事與傳說

麻雀歸巢，象徵著愛家護家之情，觀世音菩薩的慈悲之心，就連麻雀也有感應。遊子在外最思念的還是家鄉，這是割捨不斷的情，而南海觀世音菩薩就仿佛海上明燈，為來往的商船指路護航，商船都感念菩薩的慈悲之心，因此一到了菩薩的聖誕，盡皆來朝。

群菇薈萃

材料：
小竹筍 10 棵，鹽 8 克
各種菌菇 500 克
菌菇湯 600 克
蘑菇精 4 克

口味：
鹹鮮。

作法：
1. 小竹筍洗淨後備用；多種菌菇浸泡後去除鹹味，備用。
2. 取一大煲湯罐，放入菌菇湯加熱至沸，再放入小竹筍和各種菌菇材料，大火燒沸，小火慢燉 1 小時，煲湯中加入鹽、蘑菇精調味即可。

注意：
也可把竹筒容器上蒸籠蒸熱，將煲好的湯加入其中。

故事與傳說

相傳太倉民間曾流行一種怪疾，無醫可治，民苦不堪言。觀音菩薩聞之，化成一位癩頭和尚前來送藥治病。剛開始，百姓們都不相信，後來一位奄奄一息的老婆婆喝了癩頭和尚用赤怪柳煮的藥湯之後，怪病奇蹟般地好了。老婆婆奔相走告，漸漸人們的怪疾痊癒了，正當人們要感謝癩頭和尚之時，觀世音菩薩顯現真身，駕雲而去。當地人們為感謝菩薩的恩德，便塑了一尊手持赤檉柳的觀音寶像，用當地各種特色的菌菇供奉。

沙拉黃豆烙

材料：
吐司麵包 10 條
黃扁豆 50 克
火龍果 1 個
西瓜 75 克
黃瓜 50 克
沙拉醬 30 克

口味：
微甜脆爽。

作法：
1. 火龍果去皮，橫去一塊，將中間果肉取出切丁，外皮做成容器備用。
2. 西瓜、黃瓜洗淨切丁；黃扁豆洗淨，汆燙後備用。
3. 鍋中加多量底油，油溫燒至 6 成熟時，下入吐司麵包進行炸製，待呈金黃色時取出，瀝油擺盤。
4. 將黃瓜丁、火龍果丁、西瓜丁、黃扁豆加入火龍果製作的容器中，加沙拉醬擺盤即可。

注意： 油溫不宜太高。

養生與營養：
黃豆中蛋白質的含量約占 40%，且內含有一種脂肪物質叫亞油酸，能促進兒童的神經發育。火龍果含有維生素 E 和一種更為特殊的成分——花青素，具有抗氧化、抗自由基、抗衰老的作用。火龍果還含有美白皮膚的維生素 C 並富含具有減肥、降低血糖、潤腸、預防大腸癌的水溶性膳食纖維。

石磨布袋豆腐

材料：

日本豆腐 6 條
綠豆粉丸子 100 克
香菇 100 克
筍末 100 克
香芹末 20 克
味精 3 克
鹽 5 克

作法：

1. 日本豆腐去外包裝；將發好的香菇切粒，加鹽、味精，調味後放入筍末和香芹末；綠豆粉丸子取出備用。
2. 鍋中加多量底油，待油溫燒至 7 成熱時，將日本豆腐下入鍋內，炸至金黃後撈出備用。
3. 將炸好的日本豆腐去內肉後做成布袋狀，再把調好味的香菇餡放入其中，上蒸籠蒸透，擺盤。
4. 鍋中加少量底油，燒至 7 成熱時，放入綠豆粉丸子，炒熟後擺盤即成。

注意： 日本豆腐炸後製袋不要破了。

故事與傳說

在佛家素菜中，豆腐、麵筋、筍、蕈號稱「四大金剛」。中國是大豆的故鄉，從南至北都有大豆的栽培。在寺院素菜當中，豆腐被稱為「蓮花豆腐」。因與蓮花聯繫起來，豆腐羹就稱作「芙蓉出水」，或者叫「南海金蓮」。因為僧人食素，多與豆腐打交道，便發明了多種豆腐菜肴的製作方法，其中有名的有達摩豆腐、石磨布袋豆腐等。

水果玉米烙

材料：
吐司麵包 300 克，玉米粒 150 克
草莓沙拉 75 克，小番茄 35 克
蘋果 35 克，太白粉 25 克

口味：
微甜。

作法：
1. 吐司麵包切粒；玉米粒洗淨，
   汆燙備用。

2. 蘋果洗淨去皮，切小丁；小番茄放盤中，擺
   盤備用。
3. 將吐司粒、玉米粒、蘋果丁和草莓沙拉放盛
   器中，加太白粉、油、清水，調製成黏稠糊
   狀，備用。
4. 煎鍋加少量底油，待油溫燒至 7 成熱時，將
   所調和好的糊放入鍋內，用勺子將其整成圓
   餅形，小火雙面煎至呈金黃色時，起鍋瀝
   油，切三角形片，擺盤即成。

注意：煎炸時注意火侯。

養生與營養：
玉米營養豐富，含有大量蛋白質、膳食纖維、維生素、礦物質、不飽和脂肪酸、卵磷
脂等。草莓的維生素 C 含量極高，而且熱量極低。草莓是人體必需的纖維素、鐵、鉀、
維生素 C 和黃酮類等成分的重要來源。番茄含有豐富的胡蘿蔔素、維生素 C 和 B 群
維生素，尤其是維生素 P 的含量居蔬菜之冠。

四喜蒟蒻

材料：

糯米 400 克，蒟蒻 150 克
青江菜 10 棵，香菇 75 克
筍 50 克，鹽 3 克，味精 2 克
紅燒汁 15 克

作法：

1. 糯米洗好，蒸成糯米飯備用；
   青江菜燙熟後擺入盤中。

2. 蒟蒻洗淨切小丁，汆燙備用；香菇發好後切米
   粒大小的丁，備用。

3. 筍洗淨後切小丁，汆燙備用；將香菇丁、筍丁、
   糯米飯、蒟蒻丁拌勻後，加鹽、味精調味。

4. 勺中加多量底油，待油溫 7 成熱時，將材料製
   成丸子，入鍋炸至深色後撈出瀝油。

5. 將炸製好的丸子上籠蒸 20 分鐘後擺盤；將紅燒
   汁入勺內，大火加熱，澆淋在丸子上即成。

故事與傳說

「何為五陰？一色，二痛，三想，四行，五識。此五覆入，令不見道。沙門自思，覺知無常；身非其身，愚癡意解；心無所著，色陰已除，是第一喜。沙門思念，自見身中五藏不淨，貪欲意解，善惡無二，痛陰已除，是第二喜。沙門精思，見恩愛苦，不為漏習，無更樂意，想陰已除，是第三喜。沙門思惟，身口意淨，無複喜怒，寂然意定，不起不為，行陰已除，是第四喜。沙門自念，得佛清化，斷諸緣起，癡愛盡滅，識陰已除，是第五歡喜也。」

五福臨門

材料：
水發銀耳 200 克，鹽 5 克
豆腐 400 克，香菇 100 克
味精 4 克，太白粉 20 克
番茄汁 150 克，筍 50 克
胡椒粉 2 克

口味：
鹹鮮香軟。

作法：
1. 豆腐製作成泥；香菇洗淨發好後切丁；筍洗淨切末備用。
2. 將豆腐泥、香菇、筍，加鹽、味精、胡椒粉、太白粉調味後製成丸子。
3. 水發銀耳沾在豆腐丸子上，上籠蒸熟後擺盤，再將番茄汁燒沸後澆淋於丸子上即可。

注意：製作大小應均一。

故事與傳說

方海權在《日行一善》中有對五福的記載。第一福：長壽。果長壽，因是好生護生之德，施他飲食。第二福：富貴。果富貴，因是施財施恩於他人。第三福：無病。果無病，因是施藥戒殺，心慈無害。第四福：子孫滿堂。果子孫滿堂賢孝，因是多結良緣，愛惜大眾。第五福：善終。果善終，因是有修有養，修行福德。正所謂佛家的因果論，有因必有果，只有好的因，才能接出妙的果，日行一善，勿以善小而不為，勿以惡小而為之，五福必會臨門到。

香酥瓜排

材料：
冬瓜 350 克，麵包糠 50 克
花生仁 35 克，鹽 5 克
味精 3 克，胡椒粉 1 克
番茄汁 1 碟

口味：
鹹鮮、脆嫩、微甜。

作法：
1.冬瓜去皮，洗淨後切長 5 公分、厚 1 公分的片，備用。
2.冬瓜片加鹽、味精、胡椒粉醃製半小時後備用。
3.鍋中加多量底油，加熱至 7 成熱時，放入花生仁，炸至淺黃色後撈出瀝油，碾碎後備用。
4.鍋中加多量底油，加熱至 8 成熱時，將醃好的冬瓜片拍麵包糠炸至金黃，起鍋瀝油，擺盤後撒花生仁即成，佐番茄汁即可。

注意：麵包糠要壓實。

養生與營養：
冬瓜含醣類、胡蘿蔔素、多種維生素、膳食纖維和鈣、磷、鐵，且鉀鹽含量高，鈉鹽含量低，具有清熱解毒、利水消痰、除煩止渴、祛濕解暑的作用，可用於心胸煩熱、小便不利、肺癰咳喘、肝硬化腹水、高血壓等。

杏仁鳳梨卷

材料：
杏仁 150 克，鳳梨 200 克
威化紙（糯米紙）20 張
麵包糠 75 克

口味：
鮮香微甜。

作法：
1. 杏仁碾碎備用；取鳳梨，去皮洗淨後切丁，做成餡備用。
2. 用威化紙卷包杏仁碎和鳳梨餡後沾麵包糠，備用。
3. 鍋中加多量底油，燒至 7 成熱時，將威化卷放入炸製；待炸至兩面金黃後取出瀝油，裝盤即成。

注意：卷包的大小應一致。

養生與營養：
杏仁能散能降，故散風、降氣、潤燥、消積，在治傷損藥中會用到。鳳梨中含有一種酶能分解蛋白質，溶解阻塞於組織中的纖維蛋白和血凝塊，改善局部的血液循環，消除炎症和水腫。鳳梨中所含的糖、鹽類和酶有利尿作用，適當食用對腎炎、高血壓病患者有益。鳳梨性味甘平，具有健胃消食、補脾止瀉、清胃解渴等功效。

雪菜燉蠶豆

材料：
老蠶豆 300 克，雪菜 350 克
紅椒 20 克，素高湯 100 克
鹽 3 克，味精 2 克
胡椒粉 3 克

口味：
鹹鮮可口。

作法：
1. 老蠶豆洗淨後汆燙備用；雪菜切 3 公分長的小段，汆燙後備用；紅椒切段備用。
2. 鍋中加適量油，燒至 7 成熱時加紅椒、素高湯烹鍋。
3. 鍋中加入老蠶豆和雪菜大火燒開，小火慢燉至入味後大火收汁，加鹽、味精、胡椒粉調味後即成。

注意： 材料分別汆燙，火宜小不宜大。

養生與營養：
蠶豆中含有調節大腦和神經組織的重要成分鈣、鋅、錳、磷脂等，並含有豐富的膽鹼，有增強記憶力的作用。蠶豆皮中的膳食纖維有降低膽固醇、促進腸蠕動的作用。現代人還認為蠶豆也是抗癌食品之一，對預防腸癌有一定作用。

油淋雙脆

材料：
山藥 250 克，萵筍 250 克
鮮雞精 25 克，素高湯 50 克

口味：
鹹鮮脆嫩。

作法：
1. 山藥去皮，切長 5 公分、寬 0.2 公分的長條，汆燙備用。
2. 萵筍去皮，切長 5 公分、寬 0.2 公分的長條，汆燙備用。
3. 燙好的山藥和萵筍堆疊擺盤。
4. 鍋中加少許素高湯，大火燒開，加入鮮雞精調味，淋適量油，澆在擺好盤的山藥和萵筍上即成。

注意： 汆燙的時間不要太長。

養生與營養：
山藥中含有大量澱粉及蛋白質、B 群維生素、維生素 C、維生素 E、葡萄糖、粗蛋白胺基酸、膽鹼、尿囊素等。萵筍含有多種維生素和礦物質以及鐵元素，還含有大量的鉀、鈉等元素。

銀絲白玉羹

材料：
嫩豆腐 200 克，菌菇高湯 600 克
鹽 5 克，味精 3 克，太白粉水適量

口味：
鹹鮮滑嫩。

作法：
1. 將嫩豆腐切薄片後再切細絲，放入水中
   備用。
2. 砂鍋中加高湯，大火燒至沸。
3. 鍋中加入鹽、味精調味，加入切好的嫩
   豆腐絲，用太白粉水勾芡後起鍋即成

注意： 嫩豆腐切絲後再放入水中。

養生與營養：
豆腐食藥兼備，具有益氣、補虛等功效。

油燜冬瓜

材料：
冬瓜 500 克，腐乳汁 150 克
素高湯 200 克

口味：
鹹鮮軟糯。

作法：
1. 將冬瓜洗淨，切成長 5 公分、寬 2 公分的
   片，汆燙備用。
2. 鍋中加適量油，燒至 7 成熱時加入冬瓜
   條，煸炒。
3. 鍋中加素高湯、腐乳汁，調味後大火燒
   開，小火慢燉入味；大火收汁，將冬瓜
   片擺入盤中淋汁即成。

注意： 火宜小不宜大。

掌上明珠

材料：
香菇 300 克，冬瓜 200 克
青江菜 300 克

口味：
鹹鮮可口。

作法：
1. 香菇經水發好；用挖球器將冬瓜挖成 10 個小球後汆燙；青江菜洗淨，對切備用。
2. 鍋內加適量油，燒至 7 成熟，將冬瓜球、香菇、青江菜依序放入鍋內，大火速炒，起鍋擺盤即成。

注意：香菇燒的時間要長一點。

木瓜雪蓮

材料：
木瓜 1 個，高山雪蓮 15 克，牛奶 50 克
冰糖水 30 克，檸檬汁 30 克

口味：
營養豐富、口味微甜。

作法：
1. 木瓜挖空後蒸熟，作為容器備用；高山雪蓮發好後入籠蒸透。
2. 高山雪蓮加牛奶、冰糖水、檸檬汁調味。
3. 將調好的高山雪蓮汁盛入木瓜容器中即完成。

注意：雪蓮的發制時間要把握好。

菌菇煲

材料：

滑菇 200 克，香菇 100 克
杏鮑菇 50 克，平菇 50 克
枸杞子 3 克，青江菜 3 棵
蘑菇精 2 克，胡椒粉 2 克
素高湯 500 克，鹽 5 克
味精 3 克

作法：

1. 鍋中加水燒至沸後，將滑菇、杏鮑菇、平菇依序分別汆燙備用；香菇發好備用。
2. 鍋中加素高湯燒開，將滑菇、杏鮑菇、平菇和香菇加入其中，小火慢燉 1.5 小時。
3. 在小火慢燉的湯中加枸杞子、鹽、味精、蘑菇精、胡椒粉調味。
4. 把洗好的青江菜加入其中，起鍋即可。

故事與傳說

煲是不是和佛祖的缽有些像呢？缽在佛教史上，不單單被僧尼們用來吃飯，還發生了許多與吃飯無關的趣事。過去，有一個禪師，他的修行境界已經達到了很高的水準。他對什麼東西都不會起貪念，但是唯獨對他的缽情有獨鐘，因為這個缽是皇帝賜給他的。當他的壽命快要到頭了的時候，閻王爺就派了兩個小鬼來抓他走。禪師的法力很高，往那一坐，就進入了禪定的狀態。小鬼到處找他，可是怎麼也找不到，怎麼辦呢？很是苦惱。他們就去請教寺院裡的護法神，護法神告訴他們說，這個禪師有一個缽，你們去把缽拿來敲一敲，他就會出來的，小鬼敲缽，禪師無法入定，眼看就要被抓走，他立即把缽摔破了，再次入定，雖然缽沒了，但是命卻保住了。

葵花朝陽

材料：
南瓜 250 克，香菇 300 克
鮮雞精 30 克，菌菇湯 100 克
麻油 20 克，太白粉水適量

口味：
色澤豔麗，形如太陽花。

作法：
1. 南瓜切成月牙形片，上籠蒸熟後擺盤。
2. 發好的香菇放入菌菇湯內，小火慢燉使其入味。
3. 在香菇湯中加入鮮雞精和少許的鹽調味，大火收汁，加入太白粉水勾芡，淋入麻油後裝盤即成。

注意： 建議挑選色紅的南瓜。

養生與營養：
南瓜中對人體有益的成分有多醣、胺基酸、活性蛋白、類胡蘿蔔素及多種微量元素等。南瓜高鈣、高鉀、低鈉的特性，有利於預防骨質疏鬆和高血壓。香菇是具有高蛋白、低脂肪、多醣、多種胺基酸和多種維生素的菌類食物。

蔬苑藏珍

材料：
老瓠瓜 350 克，豆腐 200 克
南瓜 150 克，蘑菇精 4 克
麻油 8 克，菌菇湯 40 克
鹽 6 克，胡椒鹽 2 克
香菇 50 克，筍 25 克
太白粉水適量

口味：
口味鹹鮮，造型大方。

作法：
1. 瓠瓜切成大約 3 公分長的段，中間挖空，備用。
2. 豆腐、香菇、竹筍切末，加蘑菇精、鹽、胡椒鹽調味後，放入挖空的瓠瓜中。
3. 釀好的瓠瓜上籠蒸熟，再將南瓜切成菱形塊蒸熟，擺盤。
4. 鍋中加入菌菇湯，燒沸後用太白粉水勾芡，淋麻油後澆在瓠瓜和南瓜上即成。

注意：請選擇瓠瓜粗細一樣的部分。

養生與營養：
豆腐食藥兼備，具有益氣、補虛等多方面的功能。鮮筍營養價值高，除含有蛋白質、脂肪、碳水化合物外，在筍所含的蛋白質中，至少有 16 ～ 18 種不同成分的胺基酸，尤其是人體必需的賴胺酸、色胺酸、絲胺酸、丙胺酸等。

綠葉水晶

材料：
白菜葉 100 克，石耳 200 克
蘑菇絲 50 克，金針菇 100 克
太白粉水 25 克，蘑菇精 4 克
麻油 15 克，胡椒粉 2 克
菌菇湯 70 克，鹽 6 克

口味：
白菜卷碧綠透明、石耳滑嫩。

作法：
1. 蘑菇絲、金針菇切細末，加蘑菇精、鹽、胡椒粉調味後製作成餡料。
2. 白菜葉修成適合卷包的長片狀，將調好的餡料包入白菜葉中。
3. 包好的白菜卷放入蒸籠中蒸熟。
4. 發好的石耳放入菌菇湯中，以小火燉至入味。
5. 將白菜卷擺盤，再將入味的石耳擺盤；菌菇湯燒沸，加太白粉水勾薄芡，淋入麻油，澆在白菜卷和石耳上即成。

注意：石耳需單獨燒製。

豐收百合果

材料：

百合 150 克，腰果 75 克，豆瓣 75 克
玉米粒 50 克，椒鹽 8 克，鹽 3 克，味精
3 克，脆皮糊（由麵粉 50 克，太白粉 20
克，泡打粉 5 克，起士粉 3 克，花生油
20 克，清水 70 克調製成）170 克，豐收
籃 1 個）

口味：

寓意豐收喜悅之情、口味酥香。

作法：

1. 準備好的脆糊料調和成脆皮糊。
2. 將百合入脆皮糊中拌勻；勺中加多量底
   油，燒至 7 成熱時放入百合炸製。
3. 腰果、豆瓣、玉米粒入7成熱油中炸酥。
4. 在炸好的百合、腰果、豆瓣、玉米粒中
   加椒鹽、鹽、味精，調味後裝入豐收籃，
   擺盤即可。

注意： 豐收籃的條要寬，形狀要美。

養生與營養：

百合含蛋白質、蔗糖、還原糖、果膠、澱粉等。蠶豆中含有調節大腦和神經組織的重
要成分鈣、鋅、錳、磷脂等，並含有豐富的膽鹼，有增強記憶力的健腦作用。現代人
還認為蠶豆也是抗癌食品之一，對預防腸癌有作用。玉米粒營養豐富，含有大量蛋白
質、膳食纖維、維生素、礦物質、不飽和脂肪酸、卵磷脂等。

竹節留香

材料：
蘆筍 350 克，石耳 100 克
滑菇 50 克，蘑菇精 4 克
鹽 6 克，橄欖油 25 克

口味：
色澤搭配合理、營養豐富。

作法：
1. 將蘆筍切長段，鍋中加水燒沸後汆燙一下待用；石耳用溫水泡至漲發待用。
2. 滑菇洗淨；鍋中加入水，燒沸後將滑菇汆燙。
3. 鍋中加少量橄欖油，燒至 8 成熱，將燙好的蘆筍、滑菇和發好的石耳放入鍋中煸炒，加蘑菇精、鹽調味後起鍋擺盤即成。

注意： 請選擇一樣大小的鮮嫩蘆筍。

養生與營養：
蘆筍含有人體所必需的各種胺基酸和無機鹽元素中的硒、鉬、鎂、錳等微量元素，還含有大量以天門冬醯胺為主體的非蛋白質含氮物質和天門冬氨酸。石耳是高山真菌植物，營養豐富，歷來都是待客名菜。石耳還有一定的藥用價值，據藥書記載，具有補陰、降壓、去火的功效。

輪回因果

材料：
豆腐卷 500 克，萵筍條 50 克，味精 2 克
鮮雞精 25 克，野菇湯 75 克，麻油 15 克
太白粉水適量

口味：
口味濃郁。

作法：
1. 豆腐卷成品切成厚 0.2 公分的片；把豆腐
   卷片放入野菇湯中，以小火煨 1 小時至
   入味。
2. 在鍋中加水，燒至沸後把萵筍放入燙熟，
   擺盤即可。
3. 野菇湯煨的豆腐卷加鮮雞精、味精調味
   後用太白粉水勾芡，淋麻油裝盤即成。

注意：豆腐卷要卷緊壓實。

糯米煎餅

材料：
糯米粉 300 克，玉米粉 75 克
豆沙餡 150 克，芝麻 15 克

口味：
香酥軟糯。

作法：
1. 糯米粉加玉米粉和少許水，揉成麵團。
2. 將準備好的豆沙餡包入其中。
3. 將芝麻粒沾在包入豆沙餡料的麵團上，
   用手按壓成圓形。
4. 鍋中加少量油，燒至 8 成熱時，加入壓
   成圓形的糯米麵團，用小火慢慢煎至兩
   面皆呈金黃後起鍋，切三角形片擺盤即
   成。

注意：煎製時對於油溫的控制要恰當。

椰蓉糯米糍

材料：
糯米粉 300 克，白糖適量，太白粉 100 克
椰蓉 75 克，牛奶 75 克

口味：
香糯、鮮甜。

作法：
1. 糯米粉加白糖和少許清水調和成麵團。
2. 太白粉、牛奶、椰蓉調好，製成餡料，
   待用。
3. 調好的餡料包入麵團中，上籠蒸至熟透。
4. 蒸熟的麵團均勻地沾上椰蓉，裝盤即可。

注意： 製作的大小須一致。

養生與營養： 糯米含有蛋白質、脂肪、醣
類、鈣、磷、鐵、B 群維生素及澱粉等。

油炸一口包

材料：
麵粉 350 克，泡打粉 4 克
白糖 15 克，牛奶 50 克

口味：
外酥內軟。

作法：
1. 麵粉、泡打粉、白糖、牛奶按比例調和
   成麵團。
2. 將麵團放入加蓋容器中發酵 15 分鐘。
3. 調好的麵團卷成條狀，用刀切成條狀小
   饅頭，將小饅頭上蒸籠蒸熟。
4. 鍋中放多量油，待油至 7 成熱時，放入
   小饅頭炸至金黃色後瀝油裝盤即成。

注意： 和麵要根據季節控制水溫。

芋香瓜子球

材料：
麵粉 75 克，糯米粉 200 克，花生 50 克
白芝麻 50 克，煉乳 75 克，奉芋 75 克
瓜子仁 100 克

作法：
1. 奉芋上籠蒸透，製成芋泥；將麵粉、糯米粉加芋泥和成麵團。
2. 花生在 6 成熱的油中炸一下，瀝油放涼，碾碎加入芝麻和煉乳，調成餡料。
3. 製作好的餡料包入調好的麵團中，將瓜子仁沾在其表面。
4. 鍋中加多量底油，油溫升至 8 成熱時加入麵團，炸至金黃，瀝油後裝盤即可。

注意：炸製時需控制好油溫。

香煎菜汁包

材料：
麵粉 250 克，白糖 8 克，鹽 3 克
泡打粉 4 克，味精 2 克，香菇 50 克
菠菜 150 克，芹菜 75 克，荸薺 50 克

作法：
1. 將菠菜打成汁，加麵粉、泡打粉調和成麵團。
2. 將芹菜、荸薺、香菇切細末，加白糖、鹽、味精調味後製成餡料。
3. 將製作好的餡料包入用菠菜汁調和好的麵團中，放入加蓋容器中發酵 15 分鐘。
4. 煎鍋加少量底油，待油溫至 8 成熱時，將包好餡料的餅放入鍋內小火煎製，待兩面呈金黃色時，裝盤即成。

注意：煎鍋要事先燒熱。

三色花卷

材料：

芹菜 50 克

胡蘿蔔 50 克

麵粉 350 克

發酵粉 6 克

鹽 4 克

口味：

鹹香可口。

作法：

1. 芹菜和胡蘿蔔分別切成細末。
2. 將發酵粉用溫水化開；麵粉加發酵粉水和少許鹽，調和成麵團後裝入有蓋容器中，發 1 小時左右。
3. 發好的麵團擀成厚 2 公分、寬 30 公分的塊狀。
4. 切好的芹菜和胡蘿蔔丁加入作法 3 中，揉搓成花卷形狀，上籠蒸至熟透，擺盤即可。

注意：每個花捲的大小需一致。

養生與營養：

芹菜含鐵量較高，經常吃些芹菜，可以中和尿酸及體內的酸性物質，對預防痛風有較好效果。

菌菇麵片

材料：
麵粉 200 克、鹽 4 克、香菇 25 克
菠菜 100 克、菌菇湯 500 克

口味：
鹹鮮滑爽。

作法：
1. 菠菜用手撕成段；麵粉加少許鹽，用少許清水和成麵團。
2. 和好的麵團用擀麵棍壓成薄片，並切成菱形。
3. 鍋中加菌菇湯，大火燒沸，將切成菱形的麵片放入湯內，加香菇煮 5 分鐘後，加入菠菜，起鍋即成。

注意：和麵時手一定要乾燥。

奶油南瓜仔

材料：
南瓜 150 克、糯米粉 200 克、鮮奶 50 克

口味：
外酥內鮮香。

作法：
1. 將南瓜切大丁，上籠蒸至軟爛後，製作成南瓜泥。
2. 蒸好的南瓜泥加入糯米粉和鮮奶後揉搓成麵團，並揉成小南瓜形狀。
3. 鍋中加多量底油，待油溫至 8 成熟時，下入做好的小南瓜。
4. 炸至金黃色後，將油溫升至 9 成熱，復炸取出，瀝油 30 秒後擺盤即成。

注意：製作時大小要均一，形狀要美觀。

峨眉山齋菜

山剎
名古

峨眉山印象

峨眉山概況

位於四川省樂山市峨眉山市境內，面積 154 平方公里，最高峰萬佛頂海拔 3099 公尺。地勢陡峭，風景秀麗，有「秀甲天下」之美譽。氣候多樣，植被豐富，共有 3000 多種植物，其中包括多種世界稀有樹種。其山路沿途有較多猴群，常結隊向遊人討食，為峨眉一大特色。

峨眉山是中國四大佛教名山之一，作為普賢菩薩的道場，主要崇奉普賢大士，有約 26 座寺廟，重要的有八大寺廟，佛事頻繁。1996 年 12 月 6 日，峨眉山——樂山大佛作為世界文化與自然雙重遺產，被聯合國教科文組織列入世界遺產名錄中。

如果對峨眉山詳細觀察體驗，則會發現峨眉山之勝，遠非一個「秀」字可以概括，而是具有雄、秀、奇、險、幽等特色，故李白稱它為仙山。

峨眉山是從什麼時候開始成為普賢道場的呢？要談這個問題，首先要談佛教是何時傳進峨眉山的。查閱史書，起因於晉，名成於宋。據史料記載，峨眉山上最早的寺廟（即今萬年寺）建於晉代，供的第一尊佛像是普賢，取名普賢寺，這是普賢道場的起因。

峨眉山中草藥

提到中草藥，峨眉山不僅豐富，且品種繁多。初步考查約有 1600 種，遍布全山，故古人有「有草皆仙藥」之譽。其中黃連、天麻、杜仲、厚朴、峨三七、老鸛草等為珍貴藥物，遠近聞名，療效甚佳。普賢線也產於峨眉山，主治心氣痛、風濕等病。

天麻產於峨眉山竹林中，蘭科藥物，狀如芋頭，是祛風壓驚、通氣益脈、止痛驅暈的良藥。

峨眉山素菜特產

峨眉山的竹筍十分有名。竹筍的主要產區在大乘寺上下十里間，那裡一片竹海，山風吹動，碧波翻滾。竹筍肉質厚，味鮮美。大乘寺和洗象池僧人，每年都要採摘上萬斤鮮筍漬以食鹽，儲藏在石缸和木桶中，用以款待遊人。

魔芋（蒟蒻）是多年生草本植物，地上葉柄為蛇紋色，複葉為掌狀，小葉羽狀分裂，地下莖是球狀，塊莖似芋。經磨粉加工後方能食用，煮熟後為黑色，俗名黑豆腐。峨眉淨水、峨山、雙福、普興、川主等鎮鄉均有出產。

雪魔芋為峨眉山著名土特產品，具有質地鬆軟，入口味鮮，香而不膩，風味獨特等特點。食用時經溫水浸泡成海綿狀，壓乾水分，切成薄片或細條，配上各種調味料，即可涼拌。

峨眉筍子指乾筍而言，是峨眉山著名特產。峨眉品種很多，有鮮筍、鹽漬筍等。鮮筍以產地分類又有龍洞筍、龍池筍、二峨山筍、四峨山筍……但其味不及大峨山（峨眉山）筍。以竹類分類又有紅花筍，呈紫紅色，莖粗壯，首推大乘寺及龍洞一帶所產，鮮脆而香，有水果味。魚筍，短小白嫩，其他慈竹、苦竹、金竹都可採筍，風味各異。近年，峨眉苦筍產銷量很大，深受消費者喜愛。

峨眉山茶葉

峨眉茶葉早在晉代就很有名。建國前峨眉山僧人清觀利用龍洞名茶鮮葉，採杭州製茶工藝製作綠茶，製造出全毫如眉，葉綠湯清，香濃味醇的「峨蕊」，名聞遐邇。

萬年寺覺空僧人創造了另一新品種——竹葉青。1985 年，峨眉山區又創出一新品種，其外形似銀毫捲曲、條索緊細、白毫顯露，湯色清碧，葉片新如初展，味香醇，因採用原玉屏寺有名新芽，故取名為「玉屏春」。

四川泡菜

材料：

各種鮮蔬 500 克（白菜、高麗菜
胡蘿蔔、青椒、紅椒等均可）
香糟汁 20 克，紅乾辣椒 20 克
八角 1 個，排草 2 克，川鹽 8 克
紅糖 15 克，花椒 2 克，草果 1/2 個

作法：

1. 將各種鮮蔬修整齊，充分洗滌後晒乾，裝入罈中。
2. 鍋中添水，加入川鹽後煮沸，冷卻後去除雜質，加佐料調配成醬汁。
3. 將醬汁倒入罈中，將菜醃製成成品即可。

注意： 不能選擇佛家不吃的「五葷菜」。

口味：

辣麻鮮鹹香。

養生與營養：

白菜有百菜之王的美稱，它營養豐富，含有大量的碳水化合物、鈣、磷和鐵。還含有
豐富的維生素 A、B 群維生素和維生素 C 等。高麗菜（蓮花白）清熱除煩，行氣祛瘀，
消腫散結，通利胃腸。主治肺熱咳嗽、身熱、口渴、胸悶、心煩、食少、便秘、腹脹
等病症。

故事與傳說

泡菜，是指為了利於長時間存放而經過發酵的蔬菜。一般來說，只要是纖維豐富
的蔬菜或水果，都可以被製作成泡菜。泡菜含有豐富的維生素和鈣、磷等無機物，
既能為人體提供充足的營養，又能預防動脈硬化等疾病。

普賢轉法輪

材料：
竹笙 50 克
胡蘿蔔 50 克
茄子 50 克
猴頭菇 100 克
素高湯 300 克
味精 2 克
麻油 5 克
鹽 5 克

口味：
鮮香軟糯。

作法：
1. 水發竹笙去頭尾，切成長 4 公分的段；胡蘿蔔去皮，洗淨後切長 4 公分、寬 0.1 公分的細絲，備用。
2. 將猴頭菇洗淨後一切為 4 塊；茄子洗淨切長條片，上籠蒸熟擺盤。
3. 把胡蘿蔔絲釀入竹笙段中，上籠蒸 10 分鐘，擺盤。
4. 鍋內加入素高湯，加鹽、味精調味後放入猴頭菇，大火燒沸，轉小火慢燉燒透後淋麻油，取出擺盤即成。

注意：竹笙切段應長短一致，不要蒸過熟。

佛光高照

材料：
苦瓜 150 克，草菇 3 個
豆豉醬 50 克，味精 5 克
胡椒粉 1 克，素高湯 30 克
太白粉水 25 克，鹽適量

口味：
鹹鮮爽口。

作法：
1. 將苦瓜去皮，洗淨挖子後汆燙；草菇洗淨，切片汆燙，做成花朵形狀備用。
2. 在苦瓜段中放入草菇花，上籠蒸製 3 分鐘後取出，裝盤備用。
3. 炒鍋中加入少量油，燒至 6 成熱時，下入豆豉醬煸炒出香味，烹入素高湯、鹽、味精、胡椒粉調味，燒沸後用太白粉水勾芡，澆淋於蒸好的苦瓜上即成。

注意： 分別汆燙。豆豉醬最後放。

養生與營養：
豆豉對前列腺癌、皮膚癌、腸癌、食道癌等癌症有一定的抑制作用。

普度眾生

材料：

香菇 150 克
糯米紙 12 張
長豇豆 250 克
麵包糠 75 克
太白粉水 25 克
胡椒粉 1 克
味精 2 克
洋菜 50 克
菠菜 200 克
鹽 2 克

口味：
酥香軟嫩。

作法：

1. 長豇豆洗淨後汆燙，擺成竹筏狀備用；菠菜洗淨榨汁，備用。
2. 將洋菜加水熬製，加入菠菜汁，倒入盤面放涼，製作成水面。
3. 香菇發好，洗淨後去蒂切絲，加鹽、味精、胡椒粉調味後分別包入糯米紙內，稍沾點太白粉水，拍上麵包糠，備用。
4. 炒鍋中加入多量底油，燒至 6 成熱時，下入包好的糯米卷，入油鍋內炸至熟，撈出瀝油後裝盤中竹筏上即成。

注意：
卷包時應大小一致，炸製時油溫不要太高。

隨喜功德

材料：
老南瓜 1/2 個，香菇 50 克
素田螺肉 150 克，醬油 15 克
青、紅椒各 50 克，味精 2 克
太白粉水 25 克，鹽 2 克

口味：
滑軟清辣，鹹鮮適口。

作法：
1. 老南瓜洗淨，雕刻成器，在水裡煮透後擺盤備用。
2. 素田螺汆燙；青、紅椒去籽去蒂後洗淨，切片汆燙備用。
3. 香菇經水發好後去蒂洗淨，切片汆燙備用。
4. 鍋中加適量油，燒至 6 成熱時下入素田螺、青椒、紅椒片、香菇片，烹醬油煸炒後，撒鹽、味精調味，開大火用太白粉水勾芡，翻炒均勻後裝入老南瓜容器中即成。

注意：雕刻好的老南瓜要在水裡煮透。

養生與營養：
南瓜含多醣、胺基酸、活性蛋白、類胡蘿蔔素及多種微量元素等。此外，還含有磷、鎂、鐵、銅、錳、鉻、硼等元素。香菇是具有高蛋白、低脂肪、多醣、多種胺基酸和多種維生素的菌類食物。香菇還對糖尿病、肺結核、傳染性肝炎、神經炎等起治療作用，又可用於消化不良、便秘等。

峨眉山巒美

材料：
白菜 250 克，青筍 150 克
白水豆腐 250 克，鹽 2 克
素高湯 50 克，橄欖油 25 克
味精 2 克，太白粉水 25 克

口味：
清爽滑軟。

作法：
1. 白菜洗淨後分片汆燙；青筍切片，汆燙備用；豆腐切片，汆燙後擺盤備用。
2. 將豆腐、筍片擺盤後加入鹽、味精調味，上籠蒸 15 分鐘後取出；白菜片卷一下擺入盤中，備用。
3. 炒鍋中加入橄欖油，燒至 6 成熱時烹素高湯，加鹽、味精調味後用太白粉水勾芡，澆淋於白菜卷上即成。

注意： 白菜汆燙後須瀝乾水分。

171

一指禪

材料：
素臘腸 3 條，香辣醬 25 克

口味：
軟香鹹韌。

作法：
1. 在素臘腸上劃上整齊的刀痕，備用。
2. 鍋中加入少量油，燒至 6 成熱時，將素臘腸下入鍋中，煎至金黃時將香辣醬刷在上面後裝盤即成。

注意： 素臘腸不要煎糊了。

故事與傳說

人生中的煩惱都是自己找的，當心靈變得博大，空靈無物，猶如倒空了的杯子，便能恬淡安靜。人的心靈，若能如蓮花與日月，超然平淡，無分別心、取捨心、愛憎心、得失心，便能獲得快樂與祥和。水往低處流，雲在天上飄，一切都自然和諧地發生，這就是平常心。擁有一顆平常心，人生如行雲流水，回歸本真，這便是參透人生，便是禪。寧靜的心，質樸無瑕，回歸本真，這便是參透人生，便是禪。

乾燒素魚

材料：
豆皮 50 克（3 張），山藥 150 克
香辣醬 25 克，太白粉水 15 克，鹽 5 克
味精 2 克，素高湯 75 克，紅油 5 克

口味：
軟糯濃稠，辣中微香。

作法：
1. 山藥去皮洗淨，蒸熟製泥，以鹽、味精
   調味後包入稍燙至軟的豆皮中，製作成
   魚狀，裝盤備用。
2. 炒鍋中加入少量底油，燒至 6 成熱時，
   下入香辣醬煸炒，烹素高湯，大火燒
   沸，用太白粉水勾芡，淋入紅油，澆淋
   於做好的素魚上即成。

注意：豆皮稍燙再用。

普賢萬福餅

材料：
南瓜、麵粉共 250 克，發酵粉 5 克
鹽 5 克，白糖 3 克

口味 ：
酥香鹹嫩爽。

作法：
1. 南瓜去皮洗淨，蒸泥備用。
2. 麵粉經清水調和，加鹽、白糖調味後加
   入發酵粉，揉製成麵團。
3. 將南瓜泥和麵團揉和成團做成十個餅，
   烤箱溫度設定為 180℃，在烤盤上抹
   油，再將餅放在烤盤上，烤至熟透後即
   可起鍋裝盤。

注意：大小要做得均一。

青山白水豆腐

材料：
自製嫩豆腐 300 克
青筍 150 克，味精 3 克
素高湯 150 克，鹽 5 克

口味：
鮮爽味美。

作法：
1. 鍋中加入素高湯，放入自製豆腐略煮，撈出，切菱形，撒鹽、味精調味後擺入盤中備用。
2. 青筍洗淨，切薄片後汆燙，分別卷成小卷，備用。
3. 將切成片卷成卷的青筍上籠蒸 5 分鐘，擺盤，佐沾醬上桌即成。

注意： 青筍大小應平均，不可蒸製過大的。

養生與營養：
豆腐的營養價值很高，它含有人體所需要的多種營養成分。麻油可提供人體所需的維生素 E、維生素 B_1 和鈣質等。

彩虹雪魔芋

材料：
雪魔芋 300 克，紅油汁 75 克，白糖 1 克
紅燒汁 75 克，咖哩汁 75 克，鹽 5 克
太白粉水 20 克，味精 2 克

口味：
軟糯香辣。

作法：
1. 雪魔芋經水發後，切大塊，撒鹽、味精、
   白糖調味後上籠蒸熟，擺盤備用。
2. 炒鍋中依序加入紅油汁、紅燒汁和咖哩
   汁，燒沸後用太白粉水勾芡，澆淋於蒸
   好的雪魔芋上即成。

注意： 選擇優質雪魔芋。

普賢麵

材料：
青江菜 75 克，麵條 350 克，草菇 25 克
醬油 10 克，胡椒粉 2 克，味精 2 克
紅椒片 25 克，素高湯 500 克

口味：
鮮鹹可口。

作法：
1. 將麵條煮熟後盛到碗中，備用。
2. 青江菜洗淨備用；草菇洗淨，汆燙備用；
   紅椒去籽去蒂，洗淨備用。
3. 炒鍋中加入少量油，燒至 6 成熱時加青
   江菜煸炒，烹入素高湯，放入草菇、醬
   油、胡椒粉、味精，調味後加入紅椒片，
   沖到裝麵的碗裡即成。

注意： 麵條煮的時間要適宜，不可太軟。

普賢豆花

材料：
豆花 500 克，榨菜汁 50 克
香菜 5 克，辣椒汁 50 克

口味：
鮮爽滑軟，辣香適口。

作法：
1. 將製作好的豆花盛入碗內。
2. 香菜洗淨去葉，切末備用。
3. 炒鍋中加入榨菜汁、辣椒汁，大火燒沸，放入
香菜末，澆淋於盛豆花的碗中即成。

注意：豆花要以小火煨。

養生與營養：
豆花性質平和，具有補虛潤燥、清肺化痰的功效。

三絲白菜卷

材料：

木耳 30 克
竹筍 100 克
青、紅椒各 30 克
白菜葉 10 張
醬油 20 克
味精 2 克
鹽 1 克
素高湯 125 克
太白粉水 25 克

作法：

1. 白菜洗淨，分片燙軟；木耳發好後洗淨切絲；竹筍洗淨，切絲；青、紅椒去籽去蒂，洗淨切絲備用。
2. 將木耳絲、竹筍絲、青、紅椒絲以鹽、味精、醬油調味後捲入燙好的白菜葉中，製作成卷，上籠蒸製 20 分鐘，取出擺盤。
3. 炒鍋中加入少量底油，大火燒至 6 成熱時烹入素高湯、鹽、味精，調味後用太白粉水勾芡，澆淋於擺盤的白菜卷上即成。

辣燒蕨根皮

材料：
水發蕨根粉皮 500 克
香辣醬、素高湯各 75 克

口味：
韌香清心，香辣爽口。

作法：
1. 水發蕨根粉皮汆燙後備用。
2. 鍋中加入少量底油，燒至 6 成熱時下入香辣醬煸炒至香，放蕨根粉皮，烹素高湯，大火燒沸，小火慢燉 15 分鐘至蕨根粉皮熟透後用大火收汁，起鍋即成。

注意：
湯汁黏稠且蕨根粉皮熟透後起鍋，湯汁不可過多。

辣醃空心菜

材料：
空心菜 500 克
乾辣椒 30 克
薑 25 克

口味：
香辣韌脆，菜色翠綠。

作法：
1. 空心菜洗淨切段；乾辣椒洗淨切片；薑去皮，洗淨切末備用。
2. 炒鍋中加入少量油，燒至 6 成熱時，下入薑末、乾辣椒片煸炒，加空心菜，煸炒至乾後起鍋裝盤即成。

注意：空心菜下入的時候速度要快。

普賢花生粥

材料：
花生 75 克，米 50 克

口味：
花生香，米糯，口感足。

作法：
1. 花生洗乾淨，經水浸泡後瀝乾水分。
2. 將浸泡後的花生加水攪打製成花生漿。
3. 米洗淨，放入砂鍋中，加入花生漿攪拌均勻，大火燒沸，小火熬至米熟透軟糯呈糊狀即可。

注意： 熬粥時要時時攪動，防止糊底。

瓜香竹笙羹

材料：
南瓜泥 150 克，水發竹笙 75 克，鹽 2 克
荸薺 50 克，素高湯 250 克，味精 3 克
太白粉水 25 克

口味：
香甜軟糯，色美誘人。

作法：
1. 南瓜泥用 100 克的素高湯攪勻；水發竹笙切丁；荸薺切丁汆燙，備用。
2. 鍋中加入素高湯，放入攪拌好的南瓜汁、竹笙丁、荸薺丁、鹽、味精調味，用太白粉水勾芡，起鍋裝盅即成。

注意： 切丁要大小一致，南瓜泥和素高湯要攪拌均勻。

佛法圓滿

材料：
素鮑魚 75 克，素魚翅 100 克
素火腿 50 克，青江菜 12 棵
素鮑魚汁 50 克，胡椒粉 1 克
素高湯 300 克，小番茄 12 顆
太白粉水 25 克，味精 1 克
鹽 2 克

口味：
鮮香糯滑軟。

作法：
1. 將素鮑魚、素火腿切片備用。
2. 鍋中加素高湯，加入素魚翅、素鮑魚、素火腿，用大火燒沸，再用小火慢煨30分鐘，撒鹽、味精、胡椒粉調味後擺入盤中。
3. 青江菜洗淨後汆燙，圍在盤邊；小番茄洗淨，對切擺盤；鍋中加入素鮑魚汁燒沸，用太白粉水勾芡後澆淋於擺好盤的素魚翅、素火腿、素鮑魚上即成。

注意：應選擇大小一致的青江菜。

養生與營養：
此菜具有健脾寬中、潤燥消水、清熱解毒、益氣的功效。

一者禮敬諸佛。二者稱讚如來。三者廣修供養。四者懺悔業障。五者隨喜功德。六者請轉法輪。七者請佛住世。八者常隨佛學。九者恒順眾生。十者普皆迴向，此十願乃普賢菩薩告誡世人應修的十大行願，願世人皆明佛理，得圓滿，是為此菜之含義。

白水寶塔豆腐

材料：
白水豆腐 2 塊（約 350 克）
太白粉水 10 克，味精 2 克
紅油 50 克，素高湯適量
鹽 3 克

口味：
香鮮微辣，勾人食欲。

作法：
1. 將白水豆腐切成厚片，擺盤製作成寶塔形狀。
2. 鍋中加素高湯，再加紅油、鹽、味精調味後大火燒沸，用太白粉水勾芡後，澆淋於豆腐寶塔上即成。

注意：切片時厚薄需一致。

養生與營養：
似脂般潔白晶瑩，營養豐富，口感清脆，香氣誘人，味道甜香，食後舒心，四季適宜。

峨眉雲海藏珍

材料：
羊肚菌 350 克，草菇 75 克
青豆 15 克，玉米粒 15 克
銀耳 100 克，鹽 2 克
素高湯 25 克，味精 2 克
胡椒粉 1 克，薑 30 克
太白粉水 15 克

口味： 鮮香誘人。

作法：
1. 薑去皮洗淨，切片；熟青豆洗淨備用。
2. 玉米粒洗淨，汆燙；銀耳經水發好後洗淨備用。
3. 羊肚菌洗淨，切片汆燙備用；草菇洗淨，切塊汆燙備用。
4. 鍋中加入少量底油，燒至 6 成熱時，下入薑片爆香，將羊肚菌、草菇、青豆、玉米粒、水發銀耳下鍋煸炒，烹入素高湯，撒鹽、味精、胡椒粉調味後大火燒沸，用太白粉水勾芡，起鍋裝盤即成。

注意： 選擇大小一致的羊肚菌。

故事與傳說

晴空萬里時，白雲從千山萬壑中冉冉升起，頃刻，蒼蒼茫茫的雲海猶如雪白的絨毯一般展鋪在地平線上，光潔厚潤，無邊無涯。在日出和日落時，偶爾還可以看見彩色的雲海，美麗至極。山風乍起時，雲海飄散開去，群峰眾嶺變成一座座雲海中的小島，雲海聚攏過來，千山萬壑隱藏得無影無蹤。雲海時開時合，恰似「山舞青蛇」，氣象雄偉，最為壯觀的是偶爾雲海中激起無數蘑菇狀的雲柱，騰空而起，又徐徐散落下來，瞬息化作淡淡的縷縷遊雲。

皈依佛

材料：
羊肚菌 100 克，青江菜葉 4 片
草菇 100 克，小番茄 4 個
枸杞子 10 粒，素高湯 75 克
味精 2 克，胡椒粉 1 克
鹽 3 克，太白粉水適量

口味：
鹹香可口，醬香濃郁。

作法：
1. 青江菜葉洗淨，汆燙後擺盤備用。
2. 小番茄洗淨去蒂、切半，一邊切梳子形花刀擺放於青江菜葉上；羊肚菌泡水發制好。
3. 羊肚菌洗淨，加工成一樣大的形狀後汆燙擺盤；草菇洗淨，切片後汆燙擺盤，備用。
4. 鍋中加入素高湯，撒鹽、味精、胡椒粉調味後，用太白粉水勾芡，澆淋於擺好盤的材料上，將經溫水浸泡洗淨的枸杞子撒於草菇旁邊即成。

注意： 選擇一樣大的材料。

故事與傳說
皈依乃佛教徒之基礎入門。所謂內道、外道之差別在於有無皈依三寶。皈依為皈投或依靠之意，也就是希望依靠三寶的力量而得到保護與解脫。三寶指佛、法、僧，佛為覺悟者，法為教義，僧為延續佛的慧命者。

千絲萬縷

材料：
內酯豆腐 1 盒（250 克）
羊肚菌 30 克，鹽 4 克
味精 2 克，胡椒粉 2 克
素高湯 500 克
太白粉水 25 克
青江菜 1 棵

口味：
鮮滑嫩爽。

作法：
1. 內酯豆腐切細絲，入冷水中浸漂，備用；青江菜洗淨，汆燙備用。
2. 羊肚菌經水發後洗淨備用。
3. 鍋中加入素高湯，放入羊肚菌，經鹽、味精、胡椒粉調味後用太白粉水勾芡，放入切好的豆腐絲，用鍋底慢轉，加青江菜起鍋即成。

注意：
內酯豆腐是用葡萄糖酸 -δ- 內酯為凝固劑生產的豆腐，一定要選擇新鮮的。

故事與傳說

人的一生，從出生到最終走向墳墓，都與這個世界有著千絲萬縷的關係，佛所說的四大皆空，苦集滅道，正是要人們放下心中執念，斬斷這紛擾的千絲萬縷，一切緣起緣滅皆隨因果，不為得失而歡喜懊惱，每個人的一生都不一樣，但是，我們的靈魂都是一樣的。因果迴圈，天理昭昭，如何感悟就看修行了！

僧人鮑魚

材料：
素鮑魚 300 克
油菜 12 棵
太白粉水 25 克
素鮑魚汁 50 克
胡蘿蔔 50 克

口味：
鮮香脆嫩爽口。

作法：
1. 素鮑魚洗淨背面，切十字花刀後入籠蒸 15 分鐘，反扣在盤中，備用。
2. 油菜洗淨，汆燙後備用；胡蘿蔔洗淨，切成細條備用。
3. 鍋中加入少量底油，燒至 6 成熱時下入油菜大火速炒，盛出圍盤；胡蘿蔔絲入開水鍋中汆燙一下，也撈出擺在盤邊。
4. 鍋中加入素鮑魚汁，大火燒沸，用太白粉水勾芡後澆淋於擺盤的素鮑魚上即成。

注意：油菜盡量選擇嫩心大小一樣的。

普賢燒三圓

材料：
紅南瓜 150 克，黃瓜 50 克，草菇球 50 克
鹽 5 克，素高湯 50 克，太白粉水 10 克
味精 2 克，胡椒粉 3 克

口味：
青口軟糯，菌香爽口。

作法：
1. 南瓜去皮，洗淨挖球，汆燙備用；黃瓜
   去皮洗淨，挖球汆燙備用；草菇洗淨，
   汆燙備用。
2. 鍋中加入少量底油，燒至 6 成熱時，下
   入南瓜、黃瓜、草菇煸炒，烹入素高湯，
   大火燒沸，加鹽、味精、胡椒粉調味後
   用太白粉水勾芡，起鍋裝盤即成。

注意：球要製作的大小一致。

蘆薈靚湯

材料：
蘆薈 200 克，鳳梨 50 克，枸杞子 10 克
青蘋果 20 克，冰糖 50 克，鹽水適量
太白粉水 25 克

作法：
1. 蘆薈去皮洗淨，切片汆燙；鳳梨去皮洗
   淨，經鹽水浸泡後切片，另取一部分鳳
   梨榨汁，備用。
2. 枸杞子經溫水浸泡後洗淨；青蘋果去皮
   去核，洗淨切片，用鹽水浸泡備用。
3. 鍋中加水，放入冰糖、蘆薈片、鳳梨片、
   青蘋果片、鳳梨汁大火燒沸，用太白粉
   水勾芡後撒枸杞子，起鍋即成。

注意：枸杞子最後加。切好的青蘋果片
　　　要泡在鹽水裡。

辣燒雪魔芋

材料：

雪魔芋 300 克，素鵝 100 克
香菇 50 克，竹筍片 20 克
木耳 30 克，素高湯 75 克
胡椒粉 2 克，麻油 15 克
香菜 15 克，味精 4 克
辣椒醬、太白粉水各適量
鹽 6 克

作法：

1. 雪魔芋發好洗淨，切寬條汆燙；素鵝切條備用。
2. 香菇發好，洗淨去蒂，切片汆燙備用；竹筍洗淨，切片汆燙備用。
3. 木耳發好，洗淨汆燙備用；香菜洗淨，去葉切段備用。
4. 炒鍋中加入少量底油，大火燒至 6 成熱時，下入雪魔芋、素鵝、香菇片、竹筍片、木耳煸炒，烹入素高湯，大火燒沸，用鹽、味精、胡椒粉、辣椒醬調味後用太白粉水勾芡，淋麻油，加香菜段起鍋裝盤即成。

故事與傳說

《華嚴經》中說：西南有山名曰光明，普賢菩薩游處其中，便認定座落在中國西南四川省境內的峨眉山是普賢菩薩的道場。我們常見的普賢菩薩像，大多是頭戴寶冠，身披彩衣，手持蓮花，面如滿月，乘坐六牙白象的天人像。象的特徵是力大而穩重，所以常用來形容菩薩的修行勇猛而穩健，不急不躁，徐徐疾進。像是白色，表心地清淨；表菩薩以六度含攝萬行，牙尖破障，不畏一切障。菩賢菩薩和文殊菩薩，同為華藏世界的上首菩薩，與毗盧遮那佛，同稱為華嚴三聖。而峨眉的雪蒟蒻也是當地獨有的特產，就好像是普賢菩薩為了信徒能夠吃飽而行大法力的體現。

素甜燒白

材料：
大白菜梗 250 克
大棗 100 克
糯米 500 克
鹽 4 克
芝麻 5 克
太白粉水 25 克
紅椒 6 條

口味：
脆爽甜糯。

作法：
1. 將大白菜洗淨，分片燙軟；大棗洗淨去核；芝麻炒熟；糯米蒸熟後備用。
2. 用大白菜梗包入大棗、糯米，製成卷後裝入容器中，上籠蒸透後倒出湯汁（留用），反扣裝盤。
3. 紅椒洗淨，去籽去蒂，切絲後圍邊。
4. 鍋中加入多量底油，燒至 6 成熱時，將糯米壓成餅狀下入，炸至金黃時撈出瀝油裝盤。
5. 鍋中加入倒出的湯汁，大火燒沸，撒鹽調味後用太白粉水勾芡，澆淋於白菜卷和炸好的糯米鍋巴上，最後撒上熟芝麻即成。

注意：反扣時注意形狀。

故事與傳說

燒白是四川農家宴席「三蒸九扣」中不可缺少的菜，所謂「三蒸九扣」是民間宴席的講究，包括粉蒸肉、紅燒肉、蒸肘子、燒酥肉、燒白、東坡肉、扣鴨、扣雞、扣肉等，以清蒸燒燴為主，實惠而肥美，而佛齋廚師將此菜加以改進，用白菜梗做皮，大棗糯米做餡心，味道香糯軟滑，其營養和養生的功效比原先的燒白有過之而無不及，實在是修行者之絕佳養生菜品。

靈芝天麻飲

材料：
木靈芝 150 克
鮮天麻 150 克
冰糖 50 克
枸杞子 20 克

作法：
1. 木靈芝發好，洗淨切塊；鮮天麻發好後切塊備用。
2. 枸杞子經溫水浸泡洗淨後備用。
3. 將木靈芝和鮮天麻放入砂鍋中，加入冰糖大火燒沸，小火慢燉 20 分鐘後撒入枸杞子，起鍋即成。

口味：
藥香濃郁。

注意：木靈芝、鮮天麻要提前發好，枸杞子最後加入。

養生與營養：
木靈芝味甘、平，歸心、肺、肝、腎經，主治虛勞、咳嗽、氣喘、失眠、消化不良、惡性腫瘤等。天麻有鎮痛作用，同時對於治療高血壓方面也有不錯的療效。久服可平肝益氣、利腰膝、強筋骨，還可增加外周及冠狀動脈的血流量，對心臟有保護作用。

碧綠牛肝菌

材料：
牛肝菌 500 克，鹽 5 克
青江菜 500 克，味精 5 克
薑片 20 克，太白粉水 25 克

口味：
菌鮮香，菜翠綠，滑嫩爽口。

作法：
1. 青江菜洗淨，汆燙備用；牛肝菌洗淨，切片後汆燙備用。
2. 鍋中加入少量底油，燒至 6 成熱時，下入青江菜、鹽、味精調味，再旺火速炒至出香味，擺盤備用。
3. 鍋中加入少量底油，燒至 6 成熱時，下入薑片爆香，加牛肝菌煸炒至香，加鹽、味精調味，太白粉水勾芡，起鍋裝盤即成。

注意：一定要選擇一樣大的青江菜。

炒素蝦仁

材料：
素蝦仁 250 克，鹽 4 克
黃瓜、腰果各 30 克
胡椒粉 1 克，味精 2 克
紅椒 20 克，太白粉水 20 克

口味：
清香潤肺，滑嫩爽口。

作法：
1. 素蝦仁洗淨，汆燙；黃瓜洗淨，切片汆燙。
2. 腰果洗淨，汆燙備用。
3. 紅椒去籽去蒂，洗淨後切粗絲，汆燙備用。
4. 鍋中加入少量底油，燒至 6 成熱時，下入素蝦仁、黃瓜片、腰果和紅椒絲，大火速炒，加鹽、味精、胡椒粉調味後，用太白粉水勾芡，起鍋裝盤即成。

注意：大火速炒，速度要快。

故事與傳說

傳說很久以前，有一個專賣口蘑的商人，帶著上等口蘑坐輪船從天津港出發南行。一路上蘑香四溢，引得海中魚蝦成群結隊繞船而遊。船老闆擔心魚群圍聚過多，造成翻船事故，遂願出重金在旅客中求得驅趕魚群的良策。這個商人見此機會既可以宣傳自己的口蘑又可以得到賞金，於是便將口蘑說成是魚群追逐的對象，船老闆於是以高價買下口蘑商所帶的全部口蘑並拋入海中，果然，魚群都因追逐隨波漂流的片片口蘑而散去。

碧綠板栗蒸白菜

材料：
白菜 400 克，板栗 100 克
素高湯 75 克，味精 3 克
青江菜 10 棵，鹽 5 克
太白粉水 15 克

口味：
鮮美可口。

作法：
1. 大白菜洗淨，選白菜心備用；板栗去殼去皮，洗淨汆燙備用。
2. 青江菜洗淨備用。
3. 將白菜心、青江菜、板栗擺盤，以鹽、味精調味後上籠蒸製 20 分鐘取出。
4. 鍋中加入少量底油，燒至 6 成熱時，烹入素高湯，大火燒沸，用太白粉水勾芡，澆淋於擺好盤的青江菜和板栗上即成。

注意： 選擇大白菜心時需特別注意。

養生與營養：
青江菜富含水分、蛋白質、脂肪、碳水化合物、纖維素、維生素 C、胡蘿蔔素、鉀、鈣、鎂、磷、鐵等。栗子含有胡蘿蔔素、核黃素、抗壞血酸等多種維生素。

豆豉苦瓜

材料：
苦瓜 300 克，豆豉醬 75 克
素高湯 20 克，味精 2 克
太白粉水 10 克

口味：
豉香悠長，苦鮮相伴。

作法：
1. 苦瓜去皮洗淨，挖去籽，順長切段，汆燙後備用。
2. 鍋中加入少量底油，燒至 6 成熱時，下入豆豉醬煸炒至香，加入苦瓜、素高湯，大火燒沸，加味精調味後用太白粉水勾薄芡，起鍋裝盤即成。

注意：苦瓜要去皮、去籽並洗淨。

養生與營養：
豆豉中含有較多的尿激酶，尿激酶具有溶解血栓的作用；豆豉中含有多種營養素，可以改善胃腸道菌群，常吃豆豉還可幫助消化、預防疾病、延緩衰老、增強腦力、降低血壓、消除疲勞、減輕病痛。豆豉味苦、性寒，入肺、胃經，有疏風、解表、清熱、除濕、祛煩、宣鬱、解毒的功效。

貝母蒸梨

材料：
小雪梨 10 個（每個 25 克左右）
川貝 30 克，銀耳 50 克
香芋 50 克，冰糖 50 克
太白粉水 20 克

口味：
果香甘甜。

作法：
1. 小雪梨洗淨去核；川貝洗淨備用。
2. 銀耳經水發後備用；香芋去皮洗淨，切丁備用。
3. 將川貝、銀耳、香芋丁、冰糖裝入雪梨中擺盤，入籠蒸 40 分鐘，倒出湯汁裝盤（湯汁倒入另一容器備用）。
4. 鍋中加入倒出的湯汁，大火燒沸，用太白粉水勾芡後澆淋於雪梨上即成。

注意： 雪梨左右大小應一致。

養生與營養：
梨生用，清六腑之熱；熟食，滋五臟之陰。川貝性涼而味甘，止咳化痰功效較強，且有潤肺之功，無論痰多痰少均可選用，特別是對熱痰、燥痰、肺虛勞嗽、久嗽、痰少咽燥、痰中帶血等最為對症（若屬寒痰、濕痰則不宜用），還常用於心胸鬱結、肺痿、肺癰之症。

普賢燒賣

材料：

燒賣皮 20 個，素油 10 克
素火腿 50 克，麻油 10 克
味精 4 克，胡椒粉 4 克
鹽 6 克，香菇、口蘑、豆
腐、粉絲各 50 克，

口味：
皮薄鮮嫩。

作法：

1. 香菇發好後洗淨，去蒂切末；口蘑洗淨，切末。
2. 豆腐切末；粉絲發好後切末；素火腿切粒備用。
3. 將香菇末、豆腐末、口蘑末、粉絲末、素火腿粒加鹽、味精、胡椒粉、素油、麻油調味後攪拌均勻，製成餡料。
4. 用燒賣皮包住製作好的餡料，上籠蒸 8 分鐘，起鍋裝盤即成。

注意：大小應一致。

故事與傳說

據說燒賣真正的起源在綏遠，也就是現在內蒙的首府——呼和浩特市。明末清初時，在呼和浩特舊城大召，有哥倆兒以賣包子為生，後來哥哥娶了媳婦，嫂嫂要求分家，包子店歸哥嫂，弟弟在店裡打工包包子、賣包子，善良的弟弟除了吃飽以外，再無分文。為增加收入今後娶媳婦，弟弟在包子上爐蒸時，就做了些薄皮開口的「包子」，區分開賣，賣包子的錢給哥哥，捎賣的錢積攢起來。很多人喜歡這個不像包子的包子，取名「捎賣」，後來名稱演變，向南傳播就改叫燒賣了。吃燒賣很講究，吃前要吃些點心作鋪墊，吃後要喝磚茶，因為其他茶都不如磚茶去膩。

白雲菊花羊肚菌

材料：
內酯豆腐 200 克
羊肚菌 200 克
素高湯 250 克
味精 2 克
鹽 4 克

作法：
1. 內酯豆腐切成菊花形狀放入容器中。
2. 羊肚菌發好後洗淨，放入容器中。
3. 容器中加入素高湯，上籠蒸製 25 分鐘後取出，撒鹽、味精調味後裝盅即成。

注意： 因豆腐較軟，切菊花花刀時要小心。

普賢芳香粽

材料：
粽葉（葦葉）300 克
糯米 1000 克，大棗 10 個
蓮子 10 個，大紅豆 10 個

口味：
香糯甜。

作法：
1. 粽葉洗淨後煮一下；糯米洗淨，經水發後備用。
2. 大棗洗淨，去核；蓮子浸泡至軟後洗淨備用。
3. 大紅豆經浸泡至軟後備用。
4. 將粽葉卷成三角形，加入經水泡軟的糯米，至加到三角形一半的時候，放入大棗、蓮子、大紅豆，再在上面壓滿糯米，卷住粽葉，用線封口使其不漏，上籠蒸 40 分鐘，取出裝盤即成。

注意： 粽子最好能製作成均一大小。

普賢大抄手

材料：

抄手皮 10 張，鹽 4 克，味精 2 克，香菜 15 克，麻油 15 克，豆干 30 克，香菇、山藥、金針花、蘑菇、豆腐各 50 克

作法：

1. 香菇發好後洗淨，去蒂切末備用；山藥去皮洗淨，切末備用。

2. 金針花洗淨，切末；蘑菇洗淨，切末備用。

3. 豆腐切末；香菜洗淨，去葉切末；豆干切絲備用。

4. 將香菇末、山藥末、金針花末、蘑菇末、豆腐末，以鹽、味精、麻油調味後，加入香菜末和豆干絲，攪拌均勻製成餡料。

5. 用抄手皮包裹住製作完成的餡料後捏緊；炒鍋中加入多量清水，燒沸後下入包好的抄手，開鍋煮 5 分鐘，撈出裝碗即成。

故事與傳說

對任何事物都不應該從一個角度去看，而應保持多角度乃至圓的觀察。叫你看破、放下，叫你不要追逐名利富貴，不等於叫你不隨緣，而是要你在思想境界上保持這樣的高度，不貪羨，不追求，但隨緣。有這樣的境界的人，官做得越大越好，錢越多越好，因為他們只是為大多數人謀利益，而不是真正為了功名，為了錢。

普賢千層餅

材料：
麵粉 500 克，發酵粉適量

口味：
軟香可口。

作法：
1. 麵粉經清水和好後用發酵粉發麵，待發的大約為一半時，取出備用，即為半發酵麵團。
2. 麵粉用清水調和成麵團後，經發酵粉完全發酵即為發酵麵團。
3. 將發酵麵團 100 克和半發酵麵團 350 克，揉和成一個麵團，反復擀製，使其形成千層的紋路後擀成餅狀，上籠蒸至熟透後取出裝入盤中即可。

注意：餅層次要多。

養生與營養：
麵粉富含蛋白質、碳水化合物、維生素和鈣、鐵、磷、鉀、鎂等礦物質，有養心益腎、健脾厚腸、除熱止渴的功效，主治煩熱、消渴、泄痢、癰腫、外傷出血及燙傷等。

至尊海參

材料：
香菇 150 克，素肉 150 克
素海參 10 條，醬油 25 克
味精 4 克，素高湯 75 克
白糖 2 克，太白粉水 25 克

口味：
鮮鹹脆嫩。

作法：

1. 香菇發好後去蒂，洗淨切末；素肉切末備用。
2. 素海參洗淨汆燙後用素高湯大火燒沸，小火慢煨至熟軟後擺盤備用。
3. 鍋中加入少量底油，燒至 6 成熱時下入香菇末、素肉末煸香，烹入素高湯，大火燒沸，用醬油、味精、白糖調味後再加太白粉水勾芡，澆淋於擺好盤的素海參上即成。

注意：素海參要汆燙，再煨火。

故事與傳說

隋慧遠《無量壽經義疏》卷上：「佛備眾德，為世欽仰，故號世尊。」章炳麟《大乘佛教緣起考》：「世尊說法不用一方之語。」「世尊」是對佛陀的尊稱，佛的十號之一，一個三千大千世界便有一尊佛住世。佛是最尊貴的，所以用世尊來稱呼佛，又含有自在、熾盛、端嚴、名稱、尊貴、吉祥等六義，又稱有德、有名聲等，為世間最尊貴的人。阿彌陀佛和釋迦牟尼佛都可稱為「世尊」。我們在佛經上常見的「世尊」是指釋迦牟尼佛。

炒雙筍

材料：
百合 200 克，萵筍 150 克
太白粉水 20 克，味精 4 克
羅漢筍 150 克，素高湯 50 克
鹽 5 克

口味：
脆嫩鮮爽。

作法：
1. 百合洗淨，汆燙；羅漢筍洗淨，切片汆燙備用。
2. 萵筍洗淨，切片備用。
3. 鍋中加入少量油，燒至 6 成熱時，下入百合、羅漢筍、萵筍片煸炒，烹入素高湯，大火燒沸，加入鹽、味精調味後用太白粉水勾芡，起鍋裝盤即成。

注意：百合選擇大小一致的片。

養生與營養：
羅漢筍採自四川蜀南竹海和峨邊原始森林，採用傳統工藝和現代保鮮技術，經高溫殺菌和真空保鮮處理，能長期保持竹筍的鮮嫩、清香和纖維蛋白質、胺基酸等多種營養成分。胡蘿蔔肉質細密，質地脆嫩，有特殊的甜味，並含有豐富的胡蘿蔔素、維生素 C 和 B 群維生素。

糖醋裡脊

材料：

猴頭菇 150 克，芝麻 5 克
麵粉、番薯粉各 50 克
番茄醬 15 克，白糖 10 克
醋 5 克，素高湯 25 克
太白粉水 10 克

作法：

1. 猴頭菇經水發後洗淨，切成條後備用；將麵粉和番薯粉調成糊狀，備用。
2. 鍋中加入多量底油，燒至 6 成熱時，將猴頭菇條沾粉糊下入鍋中，炸至金黃色後撈出瀝油，備用；芝麻以油鍋炒熟備用。
3. 鍋中加入少量底油，燒至 6 成熱時，下入番茄醬煸炒出香味，烹入素高湯，以醋和白糖調味後大火燒沸，用太白粉水勾芡，調製成糖醋汁，將炸好的猴頭菇下入鍋中，翻炒均勻後撒芝麻，起鍋裝盤即成。

雙椒牛肝菌

材料：
青、紅椒各 50 克，醬油 20 克
牛肝菌 300 克，味精 2 克
白糖 2 克，太白粉水 20 克
素高湯 50 克，薑 6 克

口味：
菌香微辣，鹹香適口。

作法：
1. 青、紅椒去籽去蒂，洗淨切片，汆燙備用。
2. 牛肝菌洗淨切片，汆燙後備用；薑去皮洗淨，切片備用。
3. 鍋中加入少量底油，燒至 6 成熱時，下入薑片爆香，牛肝菌、青、紅椒下鍋煸炒，烹入素高湯，大火燒沸，加醬油、白糖、味精調味後用太白粉水勾芡，起鍋裝盤即成。

注意： 青、紅椒片最後才放入。

養生與營養：
牛肝菌含有人體必需的 8 種胺基酸，還含有腺膘呤、膽鹼等生物鹼，可藥用，治療腰腿疼痛、手足麻木、四肢抽搐，還具有清熱解煩、養血和中、追風散寒、舒筋活血、補虛提神等功效。另外，還有抗流感病毒、防治感冒的作用。牛肝菌是林中菌類中功能較全、食藥兼用的珍品。經常食用牛肝菌可明顯增強機體免疫力、改善身體微循環。

川味東坡肉

創新作法

材料：

素五花肉 250 克，素高湯 30 克
味精 2 克，太白粉水 10 克
醬油 10 克，白糖 5 克

口味：

紅燒味濃，軟糯香嫩。

作法：

1. 素五花肉切塊，裝盤備用。
2. 醬油、素高湯、白糖、味精、太白粉水調和成紅燒汁備用。
3. 素五花肉蒸 20 分鐘後取出，裝盤。
4. 鍋中加入調好的紅燒汁，大火燒沸，調稠後澆淋於素五花肉塊上即成。

注意： 紅燒汁的調製要準確。

傳統作法

材料：

冬瓜 500 克，醬油 35 克
素高湯 150 克，太白粉水 25 克
味精 2 克，青花菜塊 12 塊
松子 20 克，泡辣椒 50 克

作法：

1. 冬瓜去皮，洗淨切條備用。
2. 冬瓜條裝入容器中，加醬油、泡辣椒、素高湯調味後上籠蒸透，倒出湯汁於另一碗後，反扣於盤中；青花菜塊汆燙後圍於盤邊。
3. 鍋中加入油，燒至 6 成熱時，下入倒出的湯汁，大火燒沸，用味精調味後再用太白粉水勾芡，澆淋於盤中的素東坡肉上。
4. 松子經炸製後撒於菜肴上即成。

一心向佛

材料：
素蝦仁 200 克，辣椒醬 50 克，芝麻 5 克
太白粉水 10 克，素高湯 20 克

口味：
香軟脆滑，口味微辣。

作法：
1. 素蝦仁擺心形，上籠蒸製 15 分鐘，取
   出擺盤；芝麻炒熟備用。
2. 鍋中加入少量油，燒至 6 成熱時，下入
   辣椒醬炒香，烹入素高湯，大火燒沸，
   用太白粉水勾芡後澆淋於擺好的素蝦仁
   上，最後撒上熟芝麻即成。

注意：素蝦仁要擺成心形。

財源滾滾

材料：
山藥 350 克，芹菜 150 克，素高湯 20 克
味精 2 克，太白粉水 15 克，鹽 3 克

口味：
芹香爽口，山藥軟糯。

作法：
1. 山藥去皮，洗淨蒸泥；芹菜洗淨，去葉
   去筋，切末備用。
2. 山藥泥揉成球形後沾芹菜末，擺盤上籠
   蒸 10 分鐘，取出。
3. 炒鍋中加入少量底油，大火燒至 6 成熱
   時，烹入素高湯，大火燒沸，撒下鹽、
   味精調味後用太白粉水勾芡，澆淋於菜
   肴上即成。

注意：芹菜去筋，蒸製時間不要過長。

普賢全家福

材料：
素肉 150 克，素田螺 100 克
金針花 150 克，素火腿 50 克
素蝦仁 50 克，青江菜 20 克
蕨根粉條 200 克，味精 2 克
素高湯 1000 克，鹽 6 克
胡椒粉 3 克

口味：
眾味調和香自來。

作法：
1. 素肉切條，汆燙；素田螺洗淨，汆燙備用。
2. 金針花洗淨，切段汆燙備用；素火腿切條，汆燙備用。
3. 素蝦仁洗淨備用；油菜洗淨，汆燙備用；蕨根粉條洗淨，水發好後汆燙備用。
4. 砂鍋中放入素肉、素田螺、金針花、素火腿、素蝦仁、蕨根粉、素高湯，大火燒沸，用鹽、胡椒粉調味，小火慢燉 15 分鐘後加味精提鮮，放入青江菜即成。

注意：青江菜最後放入。

隨寫功德

材料：
竹笙 75 克，素魚翅 200 克
蘆筍 8 根，味精 2 克
素高湯 50 克，鹽 2 克
太白粉水 15 克
胡蘿蔔絲 5 克

口味：
鮮滑爽嫩。

作法：
1. 竹笙水發後切段，汆燙；素魚翅洗淨，汆燙備用。
2. 蘆筍洗淨，汆燙製成筆桿狀備用；胡蘿蔔去皮洗淨，切絲汆燙備用。
3. 將竹笙製成筆前端，素魚翅擺成筆頭，蘆筍擺成筆桿，胡蘿蔔絲擺成筆穗，擺盤備用。
4. 鍋中加入素高湯，大火燒沸，加鹽、味精調味後用太白粉水勾芡，澆淋於擺好的筆上即成。

注意：形狀要寫意。

養生與營養：
此菜長期食用能調整人體血脂及脂肪酸，有活血、養顏等功效。

日月同輝

材料：
珍珠丸子 150 克，油菜 150 克
鹽 5 克，素高湯 500 克
太白粉水 50 克，味精 3 克

口味：
滑爽嫩鮮。

作法：
1. 珍珠丸子煮熟；油菜洗淨，榨汁備用。
2. 鍋中加入素高湯，放入煮熟的珍珠丸子，大火燒沸，用鹽、味精調味後，再用太白粉水勾芡，裝入容器中備用。
3. 素高湯加油菜汁，大火燒沸，加鹽、味精調味後用太白粉水勾芡，裝入容器中備用。
4. 湯碗準備好，將兩種顏色的汁液同時倒入，形成太極形狀即成。

注意： 勾芡厚薄應均一。

養生與營養：
此湯形態美觀，糯香滋潤，鹹甜皆宜，美容養顏。糯米含有蛋白質、脂肪、醣類、鈣、磷、鐵、B群維生素及澱粉等。油菜有促進血液循環、散血消腫、活血化瘀、解毒消腫、強身健體等功效。

五彩蒸羊肚菌

材料：
羊肚菌 100 克，青豆 50 克，花生 50 克
玉米粒 50 克，銀杏 50 克，鹽 4 克
味精 2 克，素高湯 50 克

口味：
軟香韌脆。

作法：
1. 羊肚菌經水發好後洗淨；青豆洗淨，泡軟備用。
2. 花生、玉米粒、銀杏洗淨，泡至軟備用。
3. 取一容器，將青豆、花生、玉米粒、銀杏和羊肚菌裝入，加素高湯、鹽、味精調味後上籠蒸 25 分鐘，取出裝盤即成。

注意： 湯汁不宜過多。

善有善報

材料：
娃娃菜 450 克，青豆 50 克，黃瓜皮 20 克
素高湯 100 克，太白粉水 25 克，鹽 4 克
味精 2 克，橄欖油 5 克，枸杞子 5 克

作法：
1. 娃娃菜洗淨；青豆洗淨汆燙備用。
2. 黃瓜皮洗淨，汆燙擺盤；枸杞子洗淨備用。
3. 娃娃菜加素高湯，以鹽、味精調味後蒸 15 分鐘，將湯汁倒於另一碗內，擺入盤中形成扇面；青豆汆燙圍邊；枸杞子撒在娃娃菜葉上。
4. 鍋中加入橄欖油，燒至 6 成熟時將倒出的湯汁烹入，大火燒沸，用太白粉水勾芡，澆淋於擺好的扇面上即成。

注意： 請選擇大小一致的娃娃菜。

色即是空

材料：
火龍果 1 個，銀耳 50 克
大棗 3 個，枸杞子 3 個
蓮子 3 個，冰糖 20 克
素高湯適量

口味：
甜甘軟糯。

作法：
1.銀耳水發後洗淨；大棗洗淨，去核後備用。
2.枸杞子洗淨；蓮子經浸泡至軟，洗淨備用。
3.火龍果去三分之一皮，將果肉挖空，果皮製成容器備用。
4.取一容器，放入銀耳、大棗、枸杞子、蓮子，加冰糖、素高湯，入籠蒸 30 分鐘後倒入準備好的火龍果內裝盤即成。

注意：銀耳、蓮子應提前水發。

養生與營養：
火龍果除了有預防便秘，保護視力，增加骨質密度，幫助細胞膜形成，預防貧血和抗神經炎、口角炎，降低膽固醇，美白皮膚防黑斑的功效外，還具有解除重金屬中毒、抗自由基、防老年病變、瘦身等功效。

普賢頌生

材料：
花生米 300 克，芝麻 5 克，鹽 3 克

口味：
香脆爽口。

作法：
1. 花生米洗淨，瀝乾水分，備用。
2. 鍋中加入多量底油，待燒至 5 成熱時，小火下入花生米，炸至稍變色時即可撈出，瀝油後裝盤。
3. 芝麻炒熟後撒在花生上，加鹽調味後即完成。

注意：炸製時稍一變色即撈出。

杞香山藥粥

材料：
山藥 300 克，枸杞子 5 克，米 50 克

口味：
滑軟爽糯。

作法：
1. 山藥去皮洗淨，加水打成汁備用。
2. 米、枸杞子洗淨備用。
3. 將山藥汁加米大火燒沸，小火慢燉成粥，撒枸杞子起鍋裝碗即成。

注意：打山藥汁時要注意水量。

一炷香

材料：
茶樹菇 300 克，素高湯 75 克
青、紅椒各 25 克，薑 4 克
鮮天麻片 100 克，鹽 5 克
味精 2 克，太白粉水 20 克

口味：
菇鮮韌脆。

作法：
1.茶樹菇經水發，洗淨備用；鮮天
　麻片發好，洗淨切細條，備用。

2.青、紅椒去籽去蒂，洗淨切絲；薑去皮，
　洗淨切片備用。
3.炒鍋中加入素高湯，放入茶樹菇、鮮天麻
　片大火燒沸，小火慢煨 10 分鐘後取出備
　用。
4.鍋中加入少量底油，大火燒至 6 成熱時下
　入薑片爆香，再放茶樹菇、天麻條入鍋煸
　炒，加青紅椒絲、鹽、味精調味後用太白
　粉水勾芡，起鍋裝盤即成。

注意：茶樹菇、天麻片應提前泡發。

養生與營養：
茶樹菇性甘溫、無毒，有健脾止瀉的功效，並且有抗衰老、降低膽固醇、防癌和抗癌
的特殊作用。辣椒含有豐富的維生素等，食用辣椒，能增加食慾，增強體力，改善怕
冷、凍傷、血管性頭痛等症狀。天麻為多年生草本植物，地下莖肉質，地上莖杏紅色，
葉子呈鱗片狀，花黃紅色。塊莖入藥，可治眩暈、頭痛等。

紅油苦筍

材料：
苦筍 300 克，紅油 20 克，素高湯 25 克
太白粉水 10 克，鹽 4 克，味精 2 克

口味：
鹹香微苦。

作法：
1. 苦筍洗淨，切片汆燙備用。
2. 將汆燙的苦筍以素高湯、鹽調味後上籠蒸製 10 分鐘，倒出湯汁備用（湯汁倒於另一容器待用）。
3. 鍋中放入倒出的湯汁，加紅油燒沸，用味精提鮮、太白粉水勾芡後澆淋在苦筍片上即成。

注意：苦筍片用清水浸泡並汆燙。

白菜卷扒板栗

材料：
白菜 8 片，板栗 8 個，太白粉水 10 克
鹽 4 克，味精 2 克，素高湯 25 克

口味：
栗香菜脆。

作法：
1. 將白菜洗淨，分片燙軟，卷成卷後擺盤備用；將板栗去殼，去皮汆燙備用。
2. 板栗擺於白菜兩邊，加入素高湯，以鹽調味後上籠蒸 15 分鐘，取出，倒出湯汁備用（湯汁倒於另一容器待用）。
3. 鍋中加入倒出的湯汁，大火燒沸，用味精提鮮，用太白粉水勾芡後澆淋於白菜板栗上即成。

注意：板栗一定要蒸熟。

九華山齋菜

九華山概況

九華山，位於安徽省池州市青陽縣境內，西北接安慶市天柱山風景區，南接黃山風景區，是安徽省三大名山（黃山、九華山、天柱山）之一。九華山風景區面積120平方公里，保護範圍174平方公里，是首批國家重點風景名勝區，著名的遊覽避暑勝地，現為中國5A級旅遊區、全國文明風景旅遊區示範點，與山西五台山、浙江普陀山、四川峨眉山並稱為「中國佛教四大名山」，是「地獄未空，誓不成佛，眾生度盡，方證菩提」的大願地藏王菩薩道場，被譽為「國際性佛教道場」。

九華山位於安徽省池州市境內，是以佛教文化和自然與人文勝景為特色的山嶽型國家級風景名勝區，為中國佛教四大名山之一，以地藏菩薩道場馳名天下，享譽海內外。西元719年，新羅國王子金喬覺渡海來唐，卓錫九華，苦心修行75載，99歲圓寂。因其生前逝後各種瑞相酷似佛經中記載的地藏菩薩，僧眾尊他為地藏菩薩應世，九華山遂辟為地藏菩薩道場。受地藏菩薩「地獄未空，誓不成佛，眾生度盡，方證菩提」的宏願感召，自唐以來，寺院日增，僧眾雲集，香火之盛甲於天下。九華山現存寺廟99座，僧尼近千人，佛像萬餘尊。長期以來，各大寺廟佛事頻繁，晨鐘暮鼓，梵音裊裊，朝山禮佛的教徒信眾絡繹不絕。

九華山歷代高僧輩出，從唐至今自然形成了15尊肉身，現有5尊可供觀瞻，其中明代無瑕和尚肉身被崇禎皇帝敕封為「應身菩薩」。1999年1月發現的仁義師太肉身是世界上唯一的「比丘尼肉身」。在氣候常年濕潤的自然條件下，肉身不腐已成為生命科學之謎，引起了社會廣泛關注，更為九華山增添了一分莊嚴神秘的色彩。

九華山文化底蘊深厚，晉唐以來，陶淵明、李白、費冠卿、杜牧、蘇東坡、王安石等文壇大儒遊歷於此，吟誦出一首首千古絕唱；黃賓虹、張大千、劉海粟、李可染等丹青巨匠揮毫潑墨，留下了一幅幅傳世佳作。唐代大詩人李白三上九華，寫下了數十首讚美九華山的不朽詩篇，尤其是「妙有分二氣，靈山開九華」的詩句，成了九華山的「定名篇」。九華山現存文物2000多件，歷代名人雅士的詩詞歌賦500多篇，書院、書堂遺址20多處，其中唐代《貝葉經》、明代《大藏經》、《血經》，明萬曆皇帝聖旨和清康熙、乾隆墨蹟等堪稱稀世珍寶。

九華素菜特產

黃精

黃精是多年生的百合科草本植物,在九華山生長範圍很廣,凡陰濕山坡和溝穀兩側均有。甚至有人以為,金喬覺以此為食而成菩薩,無瑕和尚以此為食而肉身不腐。黃精確實有許多藥用功效,能補中益氣,除風濕,安五臟,強筋骨,止寒熱,久服神清氣爽,延年益壽。

野生葛粉

採摘大山中野生葛根,經民間傳統工藝精製而成(用物理方法提取,山中泉水漂洗,天然陽光晒乾),不含任何化學成分,更不存在農藥殘留,是純天然綠色食品。

石耳(石皮)

石耳俗稱石皮,為低等植物,性甘平無毒,能明目益精。九華山天臺、九子岩及其他巨岩上均有寄生。石耳非一般人能採,古有「採石耳的人死了未埋」之說,可見採石耳是何等危險,因此石耳價格也非常高。在夏季,將石耳清燉食之,是清涼排毒的最佳食品。

九華冰薑

冰薑亦為九華傳統產品,久負勝名。九華冰薑主要採用銅陵等地產的細嫩鮮薑,經過清洗、刨片、漂、晒、拌糖、醃製等十幾道工序加工而成。九華冰薑甜辣可口,食之無渣,具有止咳化痰、開胃消食、去濕逐寒之功效,為饋贈親友和待客點心之佳品。

竹筍

九華山竹筍頗有名氣。九華山盛產毛竹和元竹,冬、春季筍芽出土,山民們便將部分不易成竹的筍芽採集回家,剝去外衣,煮熟,然後加工成筍乾、筍衣,食用或出售。

雲霧香茶

這種茶極其有名,以閔園或天臺所產品質最佳。其中有「黃石溪毛峰」「九華毛峰」「地藏雀舌」和「東崖雀舌」幾個品種。這些名茶主要產於閔園,其特徵是外形細嫩,旗槍緊裹,與黃石溪毛峰相像,唯湯色黃綠明澈,沖泡杯中如蘭花伸腰,別具風格。飲九華名茶,不但解渴,更有清心爽神之功效。

素燒鵝

材料：

豆皮 5000 克，乾辣椒 20 克
味精 300 克，五香粉 16 克
白砂糖 150 克，醬油 2 袋
生薑 60 克

口味：

鮮酥香軟，口感似真鵝。

作法：

1.乾辣椒洗淨；生薑去皮洗淨，
　切大塊，拍碎備用。

2.將適量油、乾辣椒、生薑、醬油、白砂糖、味
　精、五香粉放入容器中，調成湯（5500 克），
　備用。

3.取兩張無破損豆皮，平鋪在砧板上，再取三張
　豆皮，在湯汁裡面稍泡一下，平鋪在乾的豆皮
　上，卷成長條，加湯汁蒸 4 分鐘取出。

4.鍋內放清油，大火燒至 5 成熱，下入蒸好的素
　鵝，慢火炸至兩面呈金黃色，撈出瀝油，稍涼，
　切成適口大小裝盤即成。

注意：湯汁的分量是多次製作的量，在家製作可
　　　　酌減分量。

故事與傳說

千僧齋，指供養千僧的齋會。又稱千僧供養、千僧會。《大智度論》載：「憶王舍城中，頻婆娑羅王約敕常設千比丘食，頻婆娑羅王雖死，此法不斷。」同書卷二亦載及佛滅後，摩訶迦葉選千人結集經藏，以王舍城常設飯食供給千人，因此選取千人。中國自南北朝以來即相當盛行，王侯貴族屢屢行之。唐太宗於貞觀八年（西元 634 年），為穆太后建弘福寺，設千僧齋；懿宗於 通十二年（西元 871 年），於禁中設萬僧齋。在日本，自孝德天皇於白雉三年（西元 652 年）舉行講經以來，亦盛行此千僧齋。但所謂千僧齋，並非限於千人之數，乃系泛指對眾多僧侶的供養而言。

烤手剝筍

材料：
山筍 350 克，醬油 20 克
白糖 5 克，麻油 5 克

口味：
筍香味悠長，軟韌，味道足。

作法：
1. 山筍去外皮洗淨，切段汆燙，備用。
2. 將山筍用醬油、白糖、麻油醃製 5 小時，取出備用。
3. 烤箱預熱後調至 180℃，放入醃製好的山筍，烤 10 分鐘，起鍋裝盤即成。

注意：醃製要均勻，須時常翻動。

九華黃瓜

材料：
鮮黃瓜 350 克，鹽 5 克
味精 3 克，麻油 10 克

口味：
鹹鮮爽口，瓜味悠悠。

作法：
1. 將洗淨的黃瓜拍鬆，備用。
2. 黃瓜中加入鹽、味精、麻油調味，拌勻裝盤即成。

注意：黃瓜不可拍得太散。

剁椒蒸素肉

材料：
金針菇 100 克，素五花肉 500 克
剁椒汁 30 克（將紅油 10 克
剁椒碎 10 克，美極鮮醬油 5 克和
大紅浙醋 5 克調勻即成）

作法：
1. 金針菇洗淨去蒂，汆燙後擺盤底；素肉切片，均勻擺在金針菇上面。
2. 將調好的剁椒汁澆淋在擺好盤的素肉上，入籠蒸 30 分鐘取出。
3. 鍋中加入少量底油，大火燒至 8 成熱，澆淋在素肉上即成。

雪菜香腸煲

材料：
素香腸 350 克，味精 2 克，淡醬油 10 克
雪菜 100 克，素高湯 20 克，香菜適量

口味：
清爽微辣，軟韌可口。

作法：
1. 素香腸切成 6 公分長的片；雪菜洗淨切末；香菜去葉洗淨，切段備用。
2. 鍋中加少量油，燒至 6 成熱，下雪菜末煸香，放素香腸片，烹入素高湯、淡醬油、味精調味，煸炒均勻後下香菜段起鍋，裝入砂鍋擺盤，加熱即成。

注意：
因素香腸已調味，醬油的用量不要太多。

水果葛粉羹

材料：
番茄醬 25 克，脆冬瓜 50 克
葛根粉 25 克，蜂蜜 50 克
水果果凍粒 100 克

口味：
滑香果甜。

作法：
1. 葛根粉經冷水調開，備用。
2. 脆冬瓜去皮，洗淨切條，汆燙備用。
3. 鍋中加入開水，下番茄醬、蜂蜜、果凍粒、冬瓜條煮沸，撇去浮沫，澆入調好的葛根粉，在鍋中迅速攪拌均勻，待黏稠後起鍋，裝入容器中即成。

注意：不要太稠，鍋沸即出。

故事與傳說

舜在年輕時，有一次在家鄉，看到一群人捕魚，有年輕的、有年老的。魚多的地方，都被年輕人占去了，老人鬥不過年輕人，也不願意爭執，就到比較遠的、魚少的地方。看到這種情形，他也去捕魚，他的目的不是捕魚，而是去感化這一群年輕人。年輕人中也有幾位會禮讓老人，他看到就讚歎；有些人橫行霸道，他也不說，隱惡揚善。過了幾年，那些頑固不靈的人都被他感化了。可見得人不是不能感化，只要以真誠心，假以時日，沒有不能感化的。如果不能感化，就要問自己，是否智慧不夠、耐心不夠、方法不夠巧妙。

青花菜鮑品

材料：
杏鮑菇（阿魏菇）500 克
素鮑魚汁 50 克，鹽 3 克
青花菜 10 朵，味精 2 克
滷汁適量

口味：
滑韌有致，口感舒佳。

作法：
1. 阿魏菇洗淨切十字花刀，汆燙後在滷汁裡滷熱。
2. 將滷製好的阿魏菇放入蒸籠中，蒸 20 分鐘取出，倒出原汁裝盤；青花菜洗淨切塊，汆燙備用。
3. 鍋中加入少量底油，大火燒至 6 成熱時，放入青花菜煸炒至熟，加鹽、味精調味，取出擺盤備用。
4. 鍋中加入素鮑魚汁，大火燒沸後澆淋於杏鮑菇上即成。

注意：滷製時阿魏菇要先汆燙。

養生與營養：排毒養顏。

雀巢素蝦仁

材料：
素蝦仁 250 克，麵條 100 克
青、紅椒 50 克，竹筍 100 克
味精 1 克，鹽 2 克

口味：
滑香嫩鮮。

作法：
1. 素蝦仁洗淨，汆燙；青、紅椒去蒂
   去籽，洗淨後切片汆燙；竹筍洗淨，
   切片汆燙；將麵條煮熟，備用。

養生與營養：補氣益胃。

2. 鍋中加入多量底油，燒至 6 成熱時，下
   入麵條炸成雀巢形，瀝油裝盤備用。
3. 鍋中加入少量底油，大火燒至 160℃ 熱
   時，下入素蝦仁、青、紅椒片、竹筍片
   煸炒至出香味，加鹽、味精調味，翻炒
   均勻，起鍋裝入雀巢中即成。

注意：
清炒一般不勾芡，如需也可薄勾芡，但不
宜過稠。

五彩素雞丁

材料：
素雞 200 克，胡椒粉 2 克
青、紅椒 100 克，味精 2 克
竹筍 50 克，萵筍 50 克
太白粉水 25 克，鹽 3 克

口味：
清脆爽口，鮮鹹可口。

作法：
1. 素雞切丁汆燙；青、紅椒去蒂去籽，洗淨切丁，汆燙備用。
2. 竹筍、萵筍洗淨切丁，汆燙備用。
3. 鍋中加入少量底油，燒至 6 成熟時，下入素雞丁、竹筍丁、萵筍丁煸炒，加鹽、味精、胡椒粉調味，用太白粉水勾芡，下青、紅椒丁翻炒均勻，起鍋裝盤即成。

注意：切丁時要大小均一，炒的速度要快。

養生與營養：開胃養顏。

錫紙孜香芋

材料：
香芋 400 克，芝麻 20 克
乳酪 1 小碟，白糖 50 克
錫紙一大張，蓮子 15 克

口味：
甘香軟 Q，回味無窮。

作法：
1. 香芋去皮洗淨，切成 5 公分長、2 公分寬的條；蓮子洗淨，浸泡至軟備用。
2. 鍋中加入少量底油，燒至 4 成熱，下入芝麻炒熟，備用。
3. 鍋中加入多量底油，燒至 6 成熱，下入香芋條炸至金黃，撈出瀝油，備用。
4. 取錫紙包入香芋，加上蓮子，烤箱調溫度至 180℃，放入包好錫紙的香芋烤 5 分鐘，取出撒芝麻上桌，佐白糖、乳酪食用即可。

注意：烤製時間不宜太長，但溫度要高。

養生與營養：散積理氣，解毒補脾，清熱鎮咳。

素扣瓜脯肉

材料：
冬瓜 500 克（取半圓處）
醬油 50 克，鹽 1 克
太白粉水 25 克，味精 1 克

口味：
色形如大肉，口味鮮香甘。

作法：
1.將半圓形的冬瓜去皮洗淨，
順切 0.5 公分的片，備用。

2.將切好的冬瓜片凸面抹上醬油，凸面朝下放入大湯碗中，備用。
3.湯碗中再加少量油、鹽、味精調味，入籠蒸 40 分鐘，取出倒出湯汁（裝在另一容器中留用），裝盤備用。
4.鍋中加入倒出的湯汁，大火燒沸，用太白粉水勾芡，澆淋於擺好盤的冬瓜片上即成。

注意：冬瓜切片的厚薄要一致。

養生與營養：
利腸利胃，具有降血糖、血脂、血壓的功效。冬瓜含醣類、胡蘿蔔素、膳食纖維、鈣、磷、鐵及多種維生素，可用於輔助治療心胸煩熱、小便不利、肺癰咳喘、肝硬化腹水、高血壓等症。

北瓜粑香盅

材料：
南瓜（圓紅北瓜）1 個
糯米飯 500 克，大棗 10 個
蓮子 10 個，核桃仁 10 個

口味：
瓜香米糯，甘甜延伸。

作法：
1.圓紅北瓜洗淨、去皮，雕刻製成大
　小合適的容器，備用。

2.糯米洗淨，蒸成糯米飯；大棗洗淨、去
　核；蓮子洗淨，浸泡至軟；核桃仁洗淨，
　備用。
3.將糯米飯加大棗、蓮子、核桃仁一起放
　入雕好的北瓜容器中，入籠蒸 40 分鐘，
　取出裝盤即成。

注意： 瓜不宜選擇太大的。

養生與營養：
滋脾養胃。南瓜含多醣、胺基酸、活性蛋白、類胡蘿蔔素及多種微量元素等。此外，
還含有磷、鎂、鐵、銅、錳、鉻、硼等元素。糯米含有蛋白質、脂肪、醣類、鈣、磷、
鐵、B 群維生素及澱粉等。

九華聖果

材料：
火龍果 1 個，櫻桃番茄 10 個
沙拉醬 20 克

口味：
果香甜酸，誘人食欲。

作法：
1. 火龍果洗淨，從側面削去 1/5 的皮，用挖球器將火龍果的果肉挖成球，備用。
2. 櫻桃番茄洗淨、去蒂，瀝水備用。
3. 取一容器中，加入火龍果球和櫻桃番茄，以沙拉醬調味後，裝入火龍果殼中即成。

注意：攪拌的時候手法要輕，不要把火龍果球弄碎。

竹金百歲片

材料：
黃精 150 克，竹筍 125 克
薑 3 克，鹽 3 克，味精 2 克

口味：
鮮滑爽嫩，鹹鮮適口。

作法：
1. 黃精經水發好，洗淨切片，汆燙；竹筍洗淨，切片汆燙；薑洗淨切成片，備用。
2. 鍋中加入少量底油，大火燒至 6 成熱，下入薑片爆香，加黃精片、竹筍片煸炒出香味，加入鹽、味精調味，翻炒均勻，起鍋裝入盤中即成。

注意：旺火速炒，切片厚薄要均勻。

溜九華魚

材料：

豆腐 500 克，金針花 300 克
竹筍 200 克，馬鈴薯 50 克
醬香汁 125 克，（由豆瓣醬 15 克、
素高湯 100 克、味精 2 克、太白
粉水 10 克烹製而成），香菜 5 克

口味：

鮮嫩爽滑。

作法：

1. 豆腐切成蓉後加鹽調味，備用。
2. 金針花洗淨，切段；竹筍洗淨
   切絲；馬鈴薯去皮、洗淨，蒸
   泥備用；香菜洗淨切段。

3. 用豆腐蓉包金針花、竹筍絲、馬鈴薯泥製
   成魚形，上籠蒸 15 分鐘，取出備用。
4. 鍋中加入少量底油，大火燒至 6 成熱時，
   下入蒸熟的素魚，煎至兩面金黃，取出裝
   盤，備用。
5. 鍋中加入醬香汁，燒沸澆淋於素魚上，加
   香菜段即成。

醬香汁的調製：

鍋中加入少量底油，大火燒至 6 成熱，下入
豆瓣醬煸炒至香味出，烹素高湯，大火燒沸，
加味精調鮮，用太白粉水勾芡即成。

注意：

蒸製時間控制在 15 分鐘，煎至金黃即可。

養生與營養：

金針花性平、味甘、微苦，歸肝、脾、腎經，有清熱利尿、解毒消腫、止血除煩、寬
胸膈、養血平肝、利水通乳、利咽寬胸、清利濕熱等功效。馬鈴薯含豐富的賴胺酸和
色胺酸，還有鉀、鋅、鐵及大量的蛋白質和維生素。

香菇米燒素海參

材料：
香菇 50 克，素海參 150 克，米 100 克
醬油 10 克，味精 2 克，素高湯 20 克

口味：
菇香參脆，醬香濃郁。

作法：
1. 素海參洗淨，入籠蒸至軟且有黏性後擺盤備用。
2. 香菇經水發好後去蒂洗淨，切粒備用。
3. 米洗淨，蒸熟備用。
4. 鍋中加入少量底油，大火燒至 6 成熱時，下入香菇粒煸炒，烹素高湯，加醬油調味，入米飯煸炒均勻，再加味精提鮮，澆淋於裝好盤的素海參上即成。

注意：素海參大小一致。

石筍脆鱔

材料：
香菇 250 克，石筍 50 克，鹽 6 克
味精 4 克，番薯粉 25 克

口味：
脆韌鮮香。

作法：
1. 石筍洗淨，切成滾刀塊，汆燙備用；香菇用水發好，去蒂切絲，備用。
2. 鍋中加入少量底油，燒至 6 成熱，下入石筍塊煸炒至香味出後，加鹽、味精調味，起鍋備用。
3. 鍋中加入多量底油，燒至 7 成熱，將石筍塊和香菇絲拍番薯粉下入鍋中，炸至脆嫩熟透時撈出，瀝油裝盤即成。

注意：香菇絲不要炸太乾。

佛國二冬

材料：
冬筍 150 克，冬菇 150 克
胡蘿蔔 25 克，鹽 3 克
味精 2 克，太白粉水 20 克

口味：
脆嫩鹹香。

作法：
1. 冬筍洗淨切片，汆燙；冬菇去蒂，洗淨切片，汆燙備用。
2. 胡蘿蔔去皮，洗淨切片，汆燙備用。
3. 鍋中加入少量底油，燒至 6 成熱時，下入胡蘿蔔、冬筍、冬菇煸炒至香，加鹽、味精調味，用太白粉水勾薄芡，起鍋裝盤即成。

注意： 冬筍、冬菇應分別汆燙。

養生與營養： 滋陰涼血，和中潤腸，清熱化痰等。

蕨菜蒟蒻絲

材料：
蕨菜 300 克，蒟蒻絲 150 克
胡蘿蔔 25 克，鹽 4 克
味精 2 克

口味：
脆香軟滑。

作法：
1.蕨菜洗淨、切段，汆燙備用。
2.蒟蒻絲用水發好，汆燙後加鹽調味，備用。
3.胡蘿蔔去皮、洗淨，切絲後汆燙，備用。
4.鍋中加入少量底油，燒至 6 成熱，下入蕨菜、
  蒟蒻絲、胡蘿蔔絲煸炒至香，加鹽、味精調味，
  翻炒均勻，起鍋裝盤即成。

注意：蒟蒻絲需提前泡發入味。

養生與營養：蕨菜有清熱化痰、降氣滑腸、健胃的功效。

酸菜筍片

材料：
酸菜 300 克，冬筍 150 克
青、紅椒 100 克
鹽 5 克，味精 4 克

口味：
酸香適口。

作法：
1. 冬筍洗淨、切片，汆燙備用。
2. 青、紅椒去蒂去籽，洗淨切片，汆燙備用。
3. 鍋中加入少量底油，燒至 6 成熱，下入酸菜、冬筍片、青、紅椒絲煸炒至香，加鹽、味精調味，翻炒均勻，起鍋裝盤即成。

注意：青、紅椒要最後再加入。

養生與營養：
酸菜味道鹹酸，口感脆嫩，色澤鮮亮，不但可開胃提神、增進食欲、幫助消化，還可以促進人體對鐵元素的吸收。酸菜發酵是乳酸桿菌分解白菜中醣類產生乳酸的結果，乳酸是一種有機酸，它被人體吸收後能增進食欲，促進消化。

蓮花豆腐羹

材料：
嫩豆腐 1 盒，木耳 50 克
紅椒 30 克，素高湯 500 克
胡椒粉 2 克，香菜 5 克
鹽 5 克，味精 3 克
太白粉水 15 克

口味：
鮮爽鹹美。

作法：
1. 嫩豆腐切成小丁；木耳用水發好，切末；紅椒去蒂、
   籽，洗淨，切末；香菜洗淨切末，備用。
2. 鍋中加入素高湯大火燒至沸，再加入木耳末、紅
   椒粒、嫩豆腐粒，加鹽、味精、胡椒粉調味，再
   用太白粉水勾芡，撒香菜末，起鍋裝入湯碗即成。

注意： 勾芡後即起鍋，速度要快。

養生與營養： 木耳含有豐富的膠質，多種維生素、無機鹽和胺基酸等。

菩提方圓

材料：
豆皮 2 張，蒟蒻、萵筍
平菇、青椒、紅椒
胡蘿蔔各 50 克，鹽 4 克
味精 2 克

口味：
脆嫩鮮爽。

作法：
1. 取 2 張豆皮，分成 8 片燙軟；蒟蒻切絲，用水發好，加鹽調味；萵筍、平菇分別洗淨切絲；青、紅椒去蒂去籽，洗淨切絲；胡蘿蔔去皮，洗淨切絲，備用。
2. 將蒟蒻絲、萵筍絲、平菇絲、青紅椒絲、胡蘿蔔絲放入容器中，加鹽、味精調味，包入豆皮中，備用。
3. 鍋中加入多量底油，大火燒至 6 成熱，下入卷包好的豆皮，炸至金黃色熟透，撈出瀝油，裝盤即成。

注意：卷包的大小粗細須一樣，切時速度要快。

養生與營養：豆皮中含豐富的優質蛋白，營養價值較高。

雙椒黃精

材料：
水發黃精 500 克
青、紅椒 20 克
鹽 4 克，味精 2 克

口味：
精香爽口，養生滋身。

作法：
1. 水發黃精反復漂洗，切片汆燙；青、紅椒去蒂去籽，洗淨切片，汆燙備用。
2. 鍋內加入少量底油，燒至 6 成熱，下入黃精片煸炒至香，加鹽、味精調味，下入青、紅椒片翻炒均勻，起鍋裝盤即成。

注意：
煸炒黃精片的速度要快，青、紅椒片要最後放入。

百歲宮前悟道場

材料：
銀杏 300 克，山筍 60 克
青、紅椒 20 克，鹽 5 克
味精 3 克，胡椒粉 3 克

口味：
脆鮮味美。

作法：
1. 山筍洗淨，切成滾刀塊，汆燙；銀杏洗淨，汆燙；青、紅椒去蒂去籽，洗淨後切片汆燙，備用。
2. 鍋中加入少量底油，大火燒至 6 成熱，下入山筍塊、銀杏煸炒至香，加鹽、味精、胡椒粉調味，下青、紅椒片翻炒均勻，起鍋裝盤即成。

注意：選擇優質的銀杏，且食用量不宜過多。

藍花鮑脯扒海參

材料：
素鮑魚 10 個，素海參 10 條
青花菜 10 朵，素鮑魚汁 30 克
素高湯 500 克

口味：
鮑汁濃郁，鮮香可口。

作法：
1. 素海參洗淨；素鮑魚洗淨，切十字花刀；青花菜洗淨切塊，汆燙。

2. 砂鍋中加入素高湯，放入素鮑魚、素海參大火燒沸，用小火煨至軟嫩，取出裝入盤中備用。

3. 鍋中加入少量底油，燒至 6 成熱，下入青花菜煸炒至香熟，取出圍盤，備用。

4. 鍋中加入素鮑魚汁，大火燒沸，澆淋於素海參和素鮑魚上即成。

注意：素鮑魚可用杏鮑菇代替。

養生與營養：
素鮑魚由海藻膠、蒟蒻粉等材料製成。蒟蒻含有大量甘露糖酐、維生素、植物纖維及一定量的黏液蛋白，具有保健作用和醫療效果。

九華雙魚會

材料：
豆皮 3 張，馬鈴薯 100 克
金針花 100 克，香菇 50 克
豆腐 300 克，紅燒汁 100 克
（醬油 20 克、白糖 10 克
太白粉水 20 克、素高湯 50 克）
青、紅椒 20 克，素高湯適量
味精 2 克，太白粉水 30 克
鹽 6 克

口味：
鮮香脆嫩，酸甜適口。

作法：
1. 馬鈴薯去皮，洗淨切絲；金針花洗淨，切段；香菇經水發好，去蒂切絲；豆腐製泥，備用；青、紅椒去蒂、籽，洗淨切末，備用。

2. 將馬鈴薯絲、金針花、香菇絲、豆腐泥入容器中，加鹽、味精調味，包入豆皮中，製作成兩條魚形，上籠蒸 20 分鐘，取出裝盤，備用。

3. 鍋中加入少量底油，燒至 6 成熱，下入其中一條蒸好的魚，待雙面煎至金黃色，取出裝盤，備用。

4. 鍋中加入少量底油，烹入素高湯，加醬油、白糖調味，大火燒沸，加太白粉水勾芡，澆淋於其中一條魚上，備用。

5. 鍋中加入少量底油，大火燒至 6 成熱，烹入素高湯，加鹽、味精調味，大火燒沸，用太白粉水勾芡，澆淋於另外一條魚上，撒青、紅椒末即成。

注意：魚不宜做太大，注意油溫。

青椒石耳黃精

材料：
水發石耳 50 克，水發黃精 150 克
青、紅椒 100 克，鹽 5 克
味精 3 克，胡椒粉 3 克，薑 8 片

口味：
鮮脆鹹香。

作法：
1. 水發石耳洗淨，汆燙備用；水發黃精洗淨，切片汆燙；青、紅椒去蒂去籽，洗淨，切片汆燙，備用；薑去皮，洗淨備用。
2. 鍋中加入少量底油，大火燒至 6 成熟，下入薑片熗香，放入石耳、黃精煸炒至香，加鹽、味精、胡椒粉調味，加入青、紅椒片翻炒均勻，起鍋裝盤即成。

注意：材料需分別汆燙。

養生與營養：據藥書記載，石耳具有補陰、降壓之功效。

水煮素鱖魚

材料：
杏鮑菇（素魚片）350 克，鹽 5 克
胡椒粉 3 克，薑 8 片，味精 3 克
乾辣椒碎 20 克，素高湯 50 克
綠豆芽 50 克，紅油 20 克
香菜 15 克

口味：
麻香酷辣。

作法：
1.杏鮑菇洗淨，切片汆燙；綠豆
芽洗淨；薑去皮洗淨；香菜去
葉洗淨，切段備用。

2.鍋中加入少量底油，燒至 6 成熟，下入綠
豆芽大火速炒至出香味，取出裝入盤中，
備用。
3.將汆燙的杏鮑菇擺在豆芽的上面，備用。
4.鍋中加入少量底油，大火燒至 6 成熟，下
薑片爆香，烹入素高湯，加鹽、味精、胡
椒粉、紅油調味，大火燒沸，澆淋於裝好
盤的素魚片上，擺入香菜段、乾辣椒碎，
備用。
5.鍋中加入少量紅油，大火燒至 8 成熟時，
澆淋於乾辣椒碎上即成。

注意：
乾辣椒碎要放在最上面，再用紅油澆沖。

養生與營養：
綠豆芽營養豐富。綠豆在發芽的過程中，維生素 C 增加很多，可達綠豆原含量的 7 倍，
所以綠豆芽的營養價值比綠豆更大。

禪竹紅燜

材料：
冬筍 350 克，醬油 15 克，味精 3 克
白糖 15 克，胡椒粉 3 克，薑 8 片
素高湯 150 克，太白粉水 15 克

口味：
醬香脆嫩。

作法：
1. 冬筍洗淨，切塊汆燙；薑去皮洗淨備用。
2. 鍋中加入少量底油，燒至 6 成熱，下入薑
   片爆香，烹入素高湯，加冬筍塊，再用醬
   油、白糖、胡椒粉調味，大火燒沸，小火
   燜至熟透，加味精提鮮，用太白粉水勾芡，
   起鍋裝盤即成。

注意：建議選擇嫩的冬筍。

菇丁蒸小白菜

材料：
小白菜（娃娃菜）450 克，薑 8 片
香菇 50 克，鹽 5 克，味精 3 克
胡椒粉 3 克，素高湯 120 克
紅椒丁 20 克，太白粉水適量

口味：
湯鮮味美，菜嫩軟滑。

作法：
1. 先將洗淨的小白菜切開，汆燙擺在盤中；香菇用水發好，洗淨去蒂，切丁；紅椒去蒂、籽，洗淨，切粒備用。

2. 將素高湯加鹽、胡椒粉調好，淋在擺好盤的小白菜上；香菇丁和紅椒丁撒在白菜上面，上籠蒸 8 分鐘，取出倒出湯汁，備用。（湯汁倒入另一容器留用）

3. 鍋中加入少量底油，大火燒至 6 成熱，下入薑片爆香，倒入作法 2 的湯汁，大火燒沸，加味精調味，用太白粉水勾芡，澆淋於蒸好的小白菜上面即成。

注意： 蒸製時間保持在 10 分鐘內。

釀雙椒

材料：
青椒 10 個，豆腐、青豆、竹筍
香菇、口蘑、蒟蒻、麵筋
素雞各 50 克，鹽 5 克，味精 3 克
胡椒粉 3 克

口味：
椒香餡味濃。

作法：
1. 青椒去蒂、籽，洗淨，製成容器；豆腐切丁，汆燙；青豆洗淨，汆燙；筍洗淨，切丁汆燙。

2. 香菇用水發好，去蒂洗淨，切丁汆燙；口蘑洗淨，切丁汆燙；蒟蒻去皮洗淨，切丁汆燙；麵筋切丁；素雞切丁，汆燙備用。

3. 將豆腐丁、青豆、筍丁、香菇丁、口蘑丁、蒟蒻丁、麵筋丁、素雞丁放入容器中，加少量油、鹽、味精、胡椒粉調味，攪拌均勻，製作成餡料，釀入青椒容器中，上籠蒸 8 分鐘，起鍋裝盤即成。

注意： 蒸的時間需控制在 10 分鐘以內。

地藏餃

材料：
薺菜 150 克，豆腐乾 30 克
竹筍 50 克，麵粉 250 克，鹽 3 克
小青菜 25 克，木耳 25 克
味精 2 克，胡椒粉 1 克，薑 2 克

口味：
鹹鮮味美。

作法：
1. 薺菜、竹筍、小青菜分別洗淨切末；豆腐乾切末；木耳用水發好，洗淨切末；薑去皮切末。

2. 將薺菜洗好，瀝乾水分，與豆腐乾末、筍末、小青菜末、木耳末放入容器中，加入薑末、鹽、味精、胡椒粉、少量油調和成餡料，備用。

3. 麵粉加水調和成麵團，擀成薄片，包入餡料，製成餃子，備用。

4. 鍋中放清水大火燒至沸，下入包好的餃子，三開過後，起鍋裝入盛器即成。（水滾後加入一杯水，待其煮滾再加一杯水，重複三次即是三開）

注意： 餡料要細，水餃的形狀要美觀。

養生與營養：
健脾利水，止血解毒，降壓明目。

感悟靈九華

材料：
白靈芝菇 500 克，鹽 5 克
素鮑魚汁 150 克，味精 2 克
太白粉水 20 克

口味：
鮑汁濃郁，鮮嫩可口。

作法：
1. 白靈芝菇洗淨，切片汆燙，備用。
2. 白靈芝菇加鹽、味精調味，裝入容器中，上籠
   小火蒸 1 小時，取出，倒出湯汁，扣於盤中，
   備用。
3. 素鮑魚汁下入鍋中，大火燒沸，用太白粉水勾
   芡，澆淋於裝好盤的白靈芝菇上即成。

注意：白靈芝菇要先汆燙。

養生與營養：
白靈芝菇營養豐富，含碳水化合物、脂肪、纖維素及多種胺基酸。

地藏菩薩展佛法

材料：

青江菜 12 棵，佛手酥 10 個
香菇 100 克，鹽 5 克，味精 3 克
胡椒粉 3 克，太白粉水 20 克
素高湯 25 克

作法：

1. 香菇經水發好，去蒂洗淨，加鹽、味精調味，裝入碗狀容器中；青江菜洗淨，汆燙備用；佛手酥提前加熱。

2. 鍋中加入少量底油，大火燒至 6 成熱，下入青江菜大火煸炒至出香味，取出擺盤，備用。

3. 將擺好的香菇上籠小火蒸 1 小時後取出，倒出湯汁，扣入盤中，備用。

4. 鍋中加入少量素高湯，大火燒沸，加鹽、味精、胡椒粉調味，用太白粉水勾芡，澆淋於擺好盤的香菇上，將佛手酥擺盤邊即成。

故事與傳說

一位老和尚，他身邊聚攏著一幫虔誠的弟子。這一天，他囑咐弟子每人去南山打一擔柴回來。弟子們匆匆行至離山不遠的河邊，人人目瞪口呆。只見洪水從山上奔瀉而下，無論如何也休想渡河打柴了。無功而返，弟子們都有些垂頭喪氣，唯獨一個小和尚與師傅坦然相對。師傅問其故，小和尚從懷中掏出一個蘋果，遞給師傅說：「過不了河，打不了柴，見河邊有棵蘋果樹，我就順手把樹上唯一的一個蘋果摘來了。」後來，這位小和尚成了師傅的衣缽傳人。世上有走不完的路，也有過不了的河。過不了的河掉頭而回，也是一種智慧。但真正的智慧還要在河邊做一件事情：放飛思想的風箏，摘下一個「蘋果」。曆覽古今，抱定這樣一種生活信念的人，最終都實現了人生的突圍和超越。

神靈在九華

材料：
猴頭菇 500 克，青江菜 6 棵
鹽 5 克，味精 3 克，胡椒粉 3 克
太白粉水 25 克

口味：
鮮香脆嫩。

作法：
1. 猴頭菇經水發好，洗淨切片，加鹽、味精調味，裝入碗狀的容器中；青江菜洗淨汆燙。

2. 鍋中加入少量底油，燒至 6 成熱，下入青江菜大火煸炒至出香味，取出擺盤備用。

3. 猴頭菇上籠，小火蒸 1 小時後取出，倒出湯汁（留著備用），扣於盤中備用。

4. 鍋中加入倒出的湯汁，大火煮至沸，加鹽、味精、胡椒粉調味，用太白粉水勾芡，澆淋於擺好盤的猴頭菇上即成。

注意：選擇優質的大猴頭菇，切片時注意刀工。

故事與傳說

很久以前，在江蘇吳江有一個叫芸香的姑娘，生得清秀可愛。可是不幸患上皮膚病，身上癰瘡累累，痛癢流膿，久治不癒，只得閉門在家。一天夜裡，她夢見一片油菜花，金燦燦的十分誘人。夢醒之後，突發奇想，莫非油菜可治癒我身上的病麼？於是到菜地裡，摘取新鮮帶有花蕾之嫩苗，洗淨後，炒食之，果然味道鮮美，清香可口。不久，皮膚上的瘡癤也逐漸緩解。自此，她堅持炒食油菜，在沒有油菜的季節，則將晒乾醃好的油菜炒食。數月後，姑娘全身皮膚光亮平滑，甚至疤痕也沒落下，臉龐卻比以前更漂亮了。此後，用油菜治瘡癤、乳癰一類疾患的方法，就在民間流傳開來。

慈悲善香來

材料：
素火腿 350 克，香菇 10 克
橘子 50 克，鹽 5 克，味精 3 克
胡椒粉 3 克，薑 8 片，素高湯 20 克
太白粉水 20 克

口味：
脆香軟嫩。

作法：
1. 素火腿切片；橘子切薄片，圍盤邊擺盤；香菇用水發好，去蒂；薑去皮洗淨。
2. 將香菇放入碗狀容器底部中間，素火腿放入碗中，上籠蒸 25 分鐘後取出，倒出湯汁，扣入盤中備用。
3. 鍋中加入少量底油，燒至 6 成熱，下入薑片煸炒至香，烹入素高湯大火燒沸，加鹽、味精、胡椒粉調味，用太白粉水勾芡，澆淋於擺好盤的素火腿上即成。

注意：蒸製時間不要太長。

養生與營養：
素火腿中含有豐富蛋白質，還含有豐富維生素 E 及鈣、鉀、鎂、硒等礦物質元素，營養豐富，使用方便。

菩薩神力大

材料：
素牛肉 350 克，麵包糠 100 克，椒鹽 1 碟
太白粉 30 克

口味：
酥香軟韌。

作法：
1. 素牛肉切片；太白粉用水調成糊。
2. 鍋中加入多量底油，大火燒至 6 成熱，
   將素牛肉片沾澱粉糊、拍麵包糠，下入
   鍋中，待炸至金黃色時撈出瀝油，擺盤
   上桌，佐椒鹽即成。

養生與營養：素牛肉是以豆腐皮為材料加
工而成，是中國的傳統美食，營養豐富，
深受廣大群眾喜愛。

春筍獻菩薩

材料：
春筍 500 克，白滷汁 1500 克

口味：
脆香嫩鮮。

作法：
1. 春筍去皮洗淨，切長段，內部切花刀，
   汆燙備用。
2. 將白滷汁調好，下入滷鍋中，加春筍段
   大火燒沸，小火慢煨至入味熟透，起鍋
   裝盤即成。

注意：要在竹筍的內部切花刀。

養生與營養：春筍味道清淡鮮嫩、營養豐
富，含有充足的水分、豐富的植物蛋白以
及鈣、磷、鐵等人體必需的營養成分和微
量元素，特別是纖維素含量很高，常食有
幫助消化、防止便秘的功效。

賽螃蟹

材料：
香菇 150 克，金針花 150 克，黃瓜 25 克
素鮑魚汁 125 克，太白粉水適量

口味：
鮑汁濃郁，材料鮮美。

作法：
1. 香菇經水發好，去蒂洗淨；金針花洗淨，
   切段備用；黃瓜洗淨切片，擺盤備用。
2. 香菇做蟹殼，金針花做蟹腿擺盤，上籠
   蒸 8 分鐘，取出擺盤備用。
3. 鍋中加入素鮑魚汁大火燒沸，倒入太白
   粉水勾芡起鍋，澆淋於做好造型的螃蟹
   上即成。

注意：請選擇形狀均一的香菇。

佛國一缸香

材料：
素海參 50 克，嫩豆腐 100 克，鹽 5 克
味精 3 克，筍衣 100 克，胡椒粉 3 克
素高湯 200 克，薑 8 片，素蝦仁 50 克

口味：
清爽鮮嫩。

作法：
1. 筍衣經水發好，洗淨汆燙，備用。
2. 素海參、素蝦仁洗淨汆燙；嫩豆腐切塊；
   薑去皮洗淨備用。
3. 將筍衣、素海參、嫩豆腐、素蝦仁、薑
   片加素高湯放入缸中，大火燒沸，加
   鹽、胡椒粉調味，放入烤箱中，烤箱調
   至 150℃，烤 20 分鐘，取出加味精提
   鮮即成。

注意：烤箱要提前加熱。

山蕨小清烹

材料：
蕨菜 350 克，胡蘿蔔 50 克
鹽 5 克，胡椒粉 3 克
薑 8 片，味精 3 克

口味：
脆嫩鮮香微辣。

作法：
1. 蕨菜洗淨汆燙，放涼；胡蘿蔔去皮洗淨，切絲汆燙。
2. 鍋中加入少量底油，燒至 6 成熱，下薑片爆鍋，再下入蕨菜、胡蘿蔔絲煸炒出香味，加鹽、味精、胡椒粉調味，翻炒均勻，起鍋裝盤即成。

注意：蕨菜汆燙後要過涼再炒。

養生與營養：蕨菜有清熱化痰、降氣滑腸、健胃的功效。

素肉燜茄子

材料：
細條茄子 450 克，白糖 5 克
紅辣椒 10 克，醬油 15 克
素肉 100 克，素高湯 20 克
太白粉水 15 克，鹽、味精各適量

口味：
香辣軟滑美。

作法：
1. 細條茄子洗淨，順著長度切條，再切花刀；素肉切丁、汆燙；紅辣椒去蒂、籽，洗淨切丁，備用。

2. 將茄子加鹽調味；鍋中加入多量底油，大火燒至 6 成熱時，下入茄子炸至熟透，撈出瀝油，裝盤備用。

3. 鍋中加入適量底油，大火燒至 6 成熱，烹入素高湯，下紅辣椒、素肉丁，大火燒沸，加醬油、白糖、味精調味，用太白粉水勾芡，澆淋於擺好盤的茄子上即完成。

注意： 炒素肉料紅辣汁時，建議以小火炒。

養生與營養：
茄子營養豐富，含有蛋白質、脂肪、碳水化合物、維生素以及鈣、磷、鐵等多種營養成分。特別是維生素 P 的含量很高。

地藏紅豆卷

材料：

紅豆 250 克，鮮奶 50 克，麵包糠適量
威化紙（糯米紙）20 張

口味：

外酥脆內香甜。

作法：

1. 紅豆洗淨蒸爛做成泥，加入鮮奶製成紅豆餡，備用。
2. 用威化紙包入做好的紅豆餡，外面沾麵包糠，備用。
3. 鍋中加入多量底油，大火燒至 6 成熱，下入沾好麵包糠的紅豆卷，炸至金黃色時撈出瀝油，裝盤即成。

注意：卷包的大小要均一。

粽香雞

材料：

素雞成品 1 個（約 250 克），粽葉 6 張
紅燒汁 50 克（醬油 10 克，白糖 5 克
太白粉水 10 克，素高湯 25 克，味精 2 克）

口味：

粽香四溢。

作法：

1. 素雞切塊，待用。
2. 粽葉洗淨，水煮後包入切好塊的素雞，入籠蒸 40 分鐘，取出；打開粽葉，擺盤備用。
3. 鍋中加入少量素高湯，大火燒沸，加醬油、白糖、味精調味，用太白粉水勾芡，澆淋於擺好盤的素雞上即成。

注意：最好選用鮮粽葉。

九華佛光

材料：
胡蘿蔔 150 克，萵筍 150 克
黃豆芽 50 克，鹽 3 克
味精 2 克

口味：
鮮鹹脆爽。

作法：
1. 胡蘿蔔去皮洗淨，切絲汆燙；萵筍洗淨，切絲汆燙；黃豆芽洗淨，汆燙備用。
2. 鍋中加少量油，大火燒至 6 成熟，下豆芽、胡蘿蔔絲、萵筍絲煸炒出香味，加鹽、味精調味，翻炒均勻，裝盤即成。

注意：所有絲要切均勻。

故事與傳說

據《清波雜誌》記載，五代時有一名為卓奄的和尚，靠種菜賣錢度日。某日中午在地旁小睡，忽然夢見一條金色巨龍飛臨，齧食萵筍。和尚猛醒，但夢中場景歷歷在目，心想定是有貴人來臨。抬眼朝萵筍地望去，見一相貌魁武偉岸之人正欲取萵筍。他趕緊謙恭地走上前去，取了大量的萵筍饋贈給這個陌生人。臨別時叮囑說，茍富貴，勿相忘。那人答道，異日如得志，定當為和尚修一寺廟以謝今日饋贈之恩。此人就是後來的宋太祖趙匡胤，即位為帝后，訪得和尚還活著，果在此修「普安道院」。

橙汁菊花茄子

材料：
茄子 350 克，麵粉 50 克
橙汁 75 克，太白粉水 20 克
鹽 10 克

口味：
酸香可口，茄香酥脆。

作法：

1. 茄子洗淨切長段，先直切一刀，再斜切一刀，成菊花形狀，撒鹽醃至軟，洗去鹽分，再拍上麵粉，備用。

2. 鍋中加入多量底油，大火燒至 6 成熱，下入拍了麵粉的茄子，炸至金黃色，撈出瀝油，裝盤備用。

3. 鍋中入橙汁，加熱至沸，用太白粉水勾芡，澆淋於炸好的茄子上即成。

注意：拍粉要均勻，炸製時間不可過長。

地藏滷乾豆

材料：
長豆 350 克，豆瓣醬 50 克
紅椒 20 克

口味：
醬香濃郁，豆香味濃。

作法：
1. 長豆洗淨，切段汆燙；紅椒去蒂、籽，洗淨切絲，
   汆燙備用。
2. 鍋中加入少量底油，燒至 5 成熱，下豆瓣醬煸炒出
   香味，下入長豆段，煸炒至香，轉小火燜至入味，
   大火收汁，加紅椒絲翻炒均勻，起鍋裝盤即成。

注意：火要小，時間要長。

香辣九華豆干

材料：
九華豆干 350 克，薑 15 克
乾辣椒 15 克，鹽 3 克，味精 2 克

口味：
香辣軟嫩，回味悠長。

作法：
1. 豆干切條；薑去皮、洗淨切片；乾辣椒洗淨，剁碎。
2. 加入少量底油，大火燒至 5 成熱，下薑片、辣椒碎爆香，放入豆干條，加鹽、味精調味，翻炒均勻，起鍋裝盤即成。

注意：豆干要切均勻，以旺火速炒。

地藏烤板栗

材料：
板栗 200 克，冰糖 75 克
素高湯 300 克

口味：
栗香味美，湯汁甜爽。

作法：
1. 板栗去殼、皮，洗淨汆燙，備用。
2. 鍋中加入素高湯，加冰糖熬化，將板栗放入，大火燒開，小火慢燉至入味後大火收汁，起鍋裝盤即成。

注意：冰糖熬化時要注意，防止黏鍋。

少林寺齋菜

名古　山刹

少林在心中的烙印

名山古剎

古剎功深藏，塔林敬爾仰。高僧面石壁，嵩山悟道昶

少林寺概況

少林寺位於河南省登封縣城西北 12 公里處，寺院坐落在叢林茂密的少室山陰，由此得名。

少林寺可謂歷史久遠。據史料記載，少林寺始建於北魏，印度名僧菩提達摩曾來到少林寺傳授禪宗。之後，寺院逐漸擴大，僧徒日益增多，少林寺聲名大振。達摩被奉為中國佛教禪宗的初祖，少林寺被稱為禪宗的祖庭。禪宗修行的禪法稱為「壁觀」，就是面對牆壁靜坐，由於長時間盤膝而坐，極易疲勞，僧人們就習武鍛煉，以解除身體的困倦。因此，少林拳也被認為是達摩創造出來的。

少林寺在唐朝初年就揚名海內。少林寺和尚十三人，在李世民討伐王世充的征戰中助戰解圍，立下了汗馬功勞。唐太宗後來封曇宗和尚為大將軍，並特別允許少林寺和尚練僧兵，開殺戒，吃酒肉。廟內有一塊《唐太宗賜少林寺主教碑》，記述了這一段歷史。由於朝廷的大力扶持，少林寺逐漸發展壯大，成為馳名中外的大佛寺，被譽為「天下第一名剎」。到了宋代，少林武術得到進一步發揚，寺僧逾 2000 人，及至明朝，更是達到鼎盛。

少林寺以西約 300 公尺的山腳下，便是久負盛名的塔林，也是中國最大的塔林。這裡是自唐以來少林寺歷代住持僧的葬地，共 250 餘座，塔大小不等，形狀各異，大都有雕刻和題記，反映了各個時代的建築風格，是研究中國古代磚石建築和雕刻藝術的寶庫。少林寺內還保存了不少珍貴的文物，山門門額上懸掛的「少林寺」匾額，是清康熙皇帝親筆書寫的；山門後大甬道和東西小馬道旁立有碑碣數十通，稱為少林寺碑林，其中有兩通碑刻是留學中國的日本禪僧撰寫的。

少林藥局始建於金元時代（約西元 1217 年），距今近 800 年之久，元代著名的歷史學家元好問在其《少林藥局記》中記載：「少林之有藥局，自東林隆始」。隆，即是指當時的少林主持志隆禪師。其後，福裕大和尚在住持少林寺期間，宣導「主傷科兼修內科、兒科，醫眾僧兼俗疾，方為普度眾生」的僧醫方針，使少林醫藥學獲得了長足的發展。

少林寺有「禪宗祖庭，天下第一名剎」之譽，是中國佛教禪宗祖庭。據佛教傳說，禪宗初祖菩提達摩在華以四卷《楞伽經》教授學者，後渡江北上，於寺內面壁九年，傳法慧可。此後少林禪法師承不絕，傳播海內外。北周建德三年（西元574年）武帝禁佛，寺宇被毀。大象年間重建，易名陟岵寺，召惠遠、洪遵等120人住寺內，名「菩薩僧」。隋代大興佛教，敕令複少林之名，賜柏谷塢良田百頃，成為北方一大禪寺。

1928年，因遭兵燹，天王殿、大雄殿等許多建築、佛像、法器被毀。寺內現存有山門、客堂、達摩亭、白衣殿、地藏殿及千佛殿等，千佛殿內有明代五百羅漢朝毗盧壁畫，寺旁有始建於唐貞元七年（西元791年）的塔林，有塔220餘座，還有初祖庵、二祖庵，以及附近的唐法如塔、同光塔、五代法華塔、元代緣公塔等。寺內保存唐以來碑碣石刻甚多，重要的如《唐太宗賜少林教碑》、《武則天詩書碑》、《戒壇銘》、《少林寺碑》、《靈運禪師塔碑銘》、《裕公和尚碑》、《息庵禪師道行碑》和近年建立的《日本大和尚宗道臣紀念碑》等。該寺近年來曾屢加修繕，使千年古剎重放異彩。現存建築包括常住院及附近的塔林、初祖庵、二祖庵及達摩洞等。

少林特產

核桃、黑木耳、靈寶大棗、牡丹花茶、野花菇、野拳菜（蕨菜）、猴頭菇、黃金菇、茶樹菇、真姬菇（鴻禧菇）、牛心柿餅、柿餅、貴妃杏、水果梨、櫻桃、油桃、葡萄、石榴、杜仲茶。

脆皮薑香豆腐

材料：
傳統豆腐 150 克，芹菜 50 克
嫩薑末 5 克，太白粉 50 克
麵粉 50 克，麵包糠 75 克
白胡椒 2 克

口味：
外酥香內鮮嫩。

作法：
1. 豆腐去邊皮，放入碗中壓成泥，加入嫩薑末、芹菜及白胡椒，用湯匙挖成橢圓形，拍兩種粉，再拍上麵包糠。
2. 放入熱油鍋中炸成金黃色，撈出瀝乾油分，盛入盤中，即可沾任一喜愛的醬料食用。

注意：此道菜主要是用豆腐壓碎拌成黏稠狀的豆腐腦，再用油酥炸，使外皮酥脆內裡柔嫩。

故事與傳說

明代大藥理學家李時珍在《本草綱目》二五卷《穀部》中載：「豆腐之法，始於漢淮南王劉安」，並詳細介紹了豆腐的製作方法。西元前 164 年，劉安襲父封為淮南王，建都壽春。劉安好道，為求長生不老之藥，招方士數千人，有名者為蘇非等八人，號稱「八公」。他們常聚在楚山即今八公山談仙論道，著書煉丹。在煉丹中以黃豆汁培育丹苗，豆汁偶與石膏相遇，形成了鮮嫩綿滑的豆腐。劉安煉丹未成卻發明豆腐。之後，豆腐技法傳入民間。

養生茄腸

材料：
白耆塊 25 克，豆腸 150 克，糖 15 克
茄子 250 克，紅辣椒 5 克，薑 5 克
太白粉水 25 克，素高湯 75 克，胡椒
粉 2 克，辣豆瓣醬、米醋各 20 克
麻油 5 克

口味：
茄香四溢，軟韌鹹鮮。

作法：
1. 白耆塊泡軟；豆腸洗淨切適口大小，
   瀝乾水分；薑去皮洗淨，切末。
2. 紅辣椒去籽去蒂，洗淨切絲；茄子
   去蒂去皮，洗淨切滾刀塊。

3. 鍋中加入多量底油，燒至 6 成熱時，下入
   豆腸炸一下，撈出瀝油備用。
4. 鍋中加入多量底油，大火燒至 6 成熱時，
   下切成塊的茄子，炸一下，撈出瀝油備用。
5. 鍋中加入少量底油，以薑末、紅辣椒爆鍋，
   放入白耆塊、茄子塊、豆腸，加入辣豆瓣
   醬、米醋、糖、素高湯煸炒均勻，倒入準
   備好的砂鍋中，大火燒沸，小火慢燉 5 分
   鐘，勾芡後撒胡椒粉，淋麻油上桌即成。

注意：
茄子也可不去皮，砂鍋中加入凍豆腐或洋菇
塊亦可。

杜仲素腰湯

材料：

素腰 150 克，杜仲 10 克，老薑 15 克
素蝦仁、豆苗各 100 克，鹽 6 克
麻油 10 克

作法：

1. 素腰切花刀，洗淨瀝乾；素蝦仁洗淨，瀝乾；杜仲放入鍋中，加水，以小火熬煮杜仲水，倒入碗中，撈去杜仲。

2. 老薑切塊；豆苗洗淨後瀝乾。

3. 鍋中加入少量麻油，大火燒至 6 成熱時，下入老薑塊，煸炒至香，加入素腰、素蝦仁翻炒，烹入煮好的杜仲水調勻，加鹽調味後，倒砂鍋中大火燒沸，上桌即成。

注意： 杜仲和素腰花均含有特殊氣味，烹調時不妨燙煮一下，並加黑麻油拌炒以消除異味，也可加些枸杞同煮。

細說主食材

杜仲是杜仲科植物杜仲的樹皮，由於藥用價值高，且用途廣，又被人們譽為「植物黃金」。杜仲的特徵是表皮草質，內有韌性較強的白絲相連，剝皮後又生，只要保護好母樹，便可以經常剝皮，一年一次。

杜仲藥材呈板片狀或兩邊稍向內卷，大小不一，厚 3～7 公釐，表面淡棕色或灰褐色，有明顯的皺紋或縱裂槽紋，其氣微，味微苦。以皮厚而大，粗皮刮淨，內表面暗紫色，斷面銀白橡膠絲多而長者為佳。

冬瓜藏珍

材料：
冬瓜 300 克，紅棗 6 粒
扁尖豆、竹笙各 25 克
胡蘿蔔 20 克，薑 3 克
鹽 6 克，素火腿 10 克
素高湯 500 克，胡椒粉 2 克
新鮮蓮子、鮮銀杏各 80 克

口味：
鹹鮮清爽。

作法：

1. 冬瓜連皮刷洗乾淨，挖除中心的瓜肉，製成容器，放入蒸鍋蒸 20 分鐘。
2. 新鮮蓮子、鮮銀杏洗淨泡軟；紅棗洗淨去核；扁尖豆洗淨切段，汆燙；竹笙經水發好後洗淨汆燙。
3. 胡蘿蔔去皮洗淨，切塊汆燙；素火腿切塊；薑去皮洗淨，切片。
4. 蓮子、銀杏、紅棗、扁尖豆、竹笙、胡蘿蔔塊、素火腿、素高湯加入冬瓜容器中，蒸鍋的水開後，放入冬瓜，蒸 60 分鐘至材料熟透加入鹽、胡椒粉，取出裝盤。

注意：以上材料也可換成其他食材，能隨意搭配。

故事與傳說

關於冬瓜之名的傳說較多，其中一個傳說為：神農愛民如子，培育了「四方瓜」，即東瓜、南瓜、西瓜、北瓜，並命令它們各奔所封的地方安心落戶，造福於民。結果，南、西、北瓜各自都到受封的地方去了，唯有東瓜不服從分配，說東方海風大，生活不習慣。神農只好讓它換個地方，西方它嫌沙多，北方它怕冷，南方它懼熱，最後還是去了東方。神農氏看到東瓜回心轉意了，便高興地說：「東瓜，東瓜，東方為家。」東瓜立即答道：「是冬瓜不是東瓜，處處都是我的家。」神農氏說：「冬天無瓜，你喜歡叫冬瓜。願意四海為家，就叫冬瓜吧。」

香芋素排骨煲

材料：
烤麩塊 250 克，香芋塊 100 克
口蘑塊 10 克，胡椒粉 1 克
醬油膏 2 克，素高湯 350 克
八角 1 粒，醬油 15 克
冰糖 15 克，麻油 10 克

口味：
糯香鮮嫩。

作法：
1. 用料全部按順序放入砂鍋，底部先鋪香芋塊，依序放烤麩塊和口蘑塊。
2. 放入調味料，再加湯汁蓋過材料，煮開後改小火燉煮至芋頭完全酥爛入味即可。

注意：
砂鍋底部最好墊一塊布並放在盤中一起端出，以免碰到冰涼的桌面，一熱一冷容易使砂鍋破裂。

養生與營養：
烤麩蛋白質含量豐富，屬於高蛋白、低脂肪、低糖、低熱量食物。

細說主食材

香芋含有較多的粗蛋白、澱粉、聚糖（黏液質）、膳食纖維和糖，其中蛋白質的含量比一般的高蛋白植物（如大豆）之類都要高。香芋塊根肉質細膩，味清香，常供宴席食用。香芋中的聚糖能增強人體的免疫力，增強對疾病的抵抗力，長期食用具有解毒和滋補身體的作用。

富貴圓滿

材料：
烤麩 250 克，香菇 150 克
菠菜 150 克，素火腿 20 克
豆皮 4 張，嫩薑 4 克鹽 6 克
金針菇 10 克，黑木耳 15 克
醬油 2 克，糖、胡椒粉、香菇精
麻油、味精、素高湯各 1 克

作法：

1. 菠菜去根部，洗淨，瀝乾水分
   後切碎；香菇經水發好後，去
   蒂洗淨切末；素火腿切碎；嫩
   薑去皮洗淨，切末。

2. 黑木耳經水發好後洗淨，去蒂及雜質後切
   絲；烤麩洗淨切細粒；金針菇洗淨去蒂，切
   成末。

3. 鍋中加少量底油，燒至 6 成熱時，下入薑末
   煸炒至香味出，放入烤麩、香菇、菠菜、素
   火腿、金針菇、木耳絲大火爆炒，放鹽、味
   精、醬油、糖、胡椒粉、香菇精、素高湯、
   麻油，攪勻做餡料，盛出。

4. 豆皮每張剪 4 等份，包入適量做好的餡料，
   卷成長筒狀，盛入深盤，上籠蒸製 7 分鐘後
   取出裝盤即可。

注意：
卷製的大小應該一致，這是美觀與否的關鍵。

苦盡甘來

材料：
苦瓜 350 克，素肉 160 克，香菇 35 克
菜乾 50 克，嫩薑 5 克，胡椒粉 2 克
細糖 1 克，番薯粉 2 克，鹽 5 克
胡椒粉 1 克，麻油 5 克，醬油 12 克

口味：
清胸爽口，鹹鮮微苦。

作法：
1. 苦瓜洗淨在前端切一小片，挖除其中瓜子和軟肉，製作成空筒狀容器。

2. 素肉切丁，放入碗中加鹽使其入味；香菇經水發好後去蒂洗淨，切末；菜乾洗淨切末；嫩薑去皮，洗淨切末。

3. 鍋中加入少量底油，燒至 6 成熱時，放入素肉丁，煸炒起鍋備用。

4. 將素肉丁、香菇末、菜乾、薑末攪拌均勻，加入番薯粉、鹽、胡椒粉、細糖、麻油、醬油調味後製成餡料，裝入筒狀容器中壓緊，上籠蒸 30 分鐘左右，至熟透後取出放涼，切厚片擺盤備用。

注意： 苦瓜宜選直且細長的。可用柳橙片裝飾，也可用烤的，但烤前須刷一層油。

故事與傳說

苦盡甘來，即艱難的日子過完，美好的日子來到了。「忘餐廢寢舒心害，若不是真心耐，志誠捱，怎能夠這相思苦盡甘來。」

鐵板燒豆腐

材料：

傳統豆腐 400 克，番薯粉 50 克
辣豆瓣醬 10 克，素高湯 72 克
太白粉水 10 克，胡椒粉 2 克
薑片 5 克，金針菇 100 克
鮮香菇 25 克，冬筍 20 克
冬菜 25 克，黑木耳 25 克
麻油 10 克

口味：

有滋滋聲響，味道全在裡面。

作法：

1. 香菇切半；冬筍切段；豆腐切厚片，裹薄薄一層番薯粉，入油鍋煎至兩面金黃，撈出瀝油。
2. 鍋中倒入 2 克油燒熱，爆香薑片，放入豆瓣醬、金針菇、鮮香菇、冬筍、冬菜、黑木耳炒勻，加入素高湯，再加入豆腐後勾芡，盛出。
3. 鐵板燒熱，刷油，盛入料理好的豆腐，撒上胡椒粉即可，連鐵板一起上桌。

注意： 豆腐先煎一遍，可保持形狀不易破碎，其他材料炒好再放在鐵板上，能保溫。

養生與營養： 以黃豆製作的豆腐，有大豆的營養特性，比大豆更易消化吸收，其中的卵磷脂可使腦細胞活性化，保持皮膚健康，幫助血液循環。

故事與傳說

鐵板燒約在十五、六世紀時由西班牙人發明，當時因為西班牙航運發達，經常揚帆遨遊於世界各地。這種烹調法後來由西班牙人傳到美洲大陸的墨西哥及美國加州等地，直到二十世紀初由一位日裔美國人將這種以鐵板燒熟食物的烹調技術引進日本，加以改良成為今日風靡一時的日式鐵板燒。而中國則是在上世紀 80 年代興起。

砂鍋牛蒡卷

材料：
牛蒡 200 克，草菇 100 克，冰糖 5 克
素火腿 100 克，銀杏 10 粒，味精 2 克
乾瓠瓜絲 50 克，蘆筍 50 克，薑 8 克
紅棗 6 粒，麻油 10 克，醬油 15 克

口味：
韌香脆軟，鹹鮮可口。

作法：
1. 牛蒡去皮切成條，汆燙；蘆筍去皮
   洗淨，切條汆燙；素火腿切條。
2. 草菇洗淨，汆燙；紅棗去核，洗淨；銀杏
   洗淨後汆燙；薑去皮洗淨，切片。
3. 用乾瓠瓜絲包卷牛蒡條、素火腿條、蘆筍
   條紮成束，擺在砂鍋中；草菇洗淨鋪入砂
   鍋周圍。
4. 鍋中加入少量底油，燒至 6 成熱時，下薑
   片爆香，烹入素高湯，加銀杏、紅棗、冰
   糖、醬油，調味後大火煮沸，倒入擺好草
   菇的砂鍋中，大火燒沸，加味精提鮮，淋
   麻油即可上桌。

注意：薑爆香後，要連同調味料直接入砂鍋
中煮沸，這樣味道比較清鮮。

細說主食材

牛蒡是一種以肥大肉質根供食用的蔬菜，葉柄和嫩葉也可食用，牛蒡子和牛蒡根也
可入藥。牛蒡是強身健體、防病治病的保健菜。它可以與人參相媲美，因此被稱作
東洋參。在中國，牛蒡長期作為藥用，近年來才開始對牛蒡的營養價值和食用價值
進行研究。

紅燒素牛肉

材料：
素牛肉 350 克，胡蘿蔔 100 克
薑 10 克，八角 1 粒，麻油 10 克
素高湯 1 克，醬油 15 克
太白粉水適量

口味：
外形類似紅燒牛肉。汁濃味醇
厚、鮮美，有助於增進食欲。

作法：
1. 素牛肉切片；胡蘿蔔去皮洗淨，切滾刀塊汆燙；薑去皮洗淨，切片；八角洗淨，分粒備用。
2. 鍋中加入多量底油，燒至 6 成熱時，下入素牛肉片，炸至金黃色時撈出瀝油。
3. 鍋中加入少量底油，燒至 6 成熱時，下入薑片爆香，加素牛肉片、胡蘿蔔塊煸炒至香，烹素高湯，下八角，大火燒沸，以醬油調味後撈出薑片和八角。
4. 轉小火慢燉至入味後，改用大火，加太白粉水勾芡，淋麻油起鍋裝盤即成。

注意：燒汁時須使用不同的火候。

粉蒸素肉片

材料：

麻油 10 克，粽葉 4 張，薑末 2 克
素肉片 200 克，辣豆瓣醬 20 克
南瓜 200 克，甜辣醬 10 克
醬油 12 克，米粉 75 克

口味：

軟糯可口，鹹鮮微辣。

作法：

1. 素肉片放入碗中，加入薑末、醬油、辣豆瓣醬、甜辣醬入味醃製約 30 分鐘，再拌上米粉，備用。

2. 南瓜去皮洗淨，切片（3X6 公分）備用。

3. 粽葉刷洗乾淨，剪去頭尾，刷上少許麻油，鋪在蒸盤底部。

4. 蒸鍋加入半鍋水煮滾，鋪上南瓜片和醃好的素肉，蒸約 30 分鐘至入味熟透，起鍋裝盤即可。

注意：

素肉片可與豆腐相疊，浸入醃汁中浸泡製成，蒸出味道鮮美的粉蒸肉。

養生與營養：食藥兼備，有益氣、補虛等多方面的功能。

紫菜燴素丸

材料：
豆腐 300 克，紫菜 75 克
素火腿 30 克，香菜 10 克
胡椒粉 2 克，麻油 10 克
素高湯 100 克，鹽 5 克
太白粉 25 克

口味：
味道鮮美。

作法：
1. 豆腐製成泥；紫菜經水發好後，切粒；素火腿切末。
2. 香菜去葉，洗淨切段；豆腐泥、紫菜粒、太白粉，加鹽、胡椒粉、素高湯、麻油調味攪拌，製成素丸子。
3. 鍋中加入清水，大火燒開，放入素丸子，煮至浮起撈出，備用。
4. 鍋中加入素高湯，大火燒沸，以鹽、胡椒粉調味後，下入素丸子，撒香菜和火腿末，淋麻油起鍋裝盤即成。

注意：口味可隨意調整。

養生與營養：穩定神經，強健骨骼，降低血壓。

細說主食材

早在 1400 多年前，北魏的《齊民要術》中就已提到「吳都海邊諸山，悉生紫菜」，以及紫菜的食用方法等。唐代孟詵《食療本草》則有紫菜「生南海中，正青色，附石，取而乾之則紫色」的記載。

少林十三棍

材料：
鐵棍山藥 500 克（12 根）
白芝麻 20 克，番薯粉 50 克
鹽 2 克，紅砂糖 25 克
麥芽糖 30 克

口味：
韌香鮮鹹。

作法：
1. 鐵棍山藥去皮洗淨，瀝乾切絲；白芝麻以乾鍋炒熟。
2. 鍋中加入麥芽糖、紅砂糖，小火慢熬至化，呈黏稠狀待用。
3. 鍋中加入多量底油，大火燒至 6 成熱時，將鐵棍山藥以鹽醃製後，拍番薯粉下入鍋中，炸至金黃色時撈出，待鍋中油溫升至 7 成熱時，再次下入山藥炸，快速撈出瀝油、裝盤、撒芝麻，上桌佐熬好的麥芽糖汁食用即成。

養生與營養：
鐵棍山藥具有補氣潤肺的功用，既可切片煎汁當茶飲，又可切細煮粥喝，對虛性咳嗽及肺癆發燒患者都有很好的治療結果。

紅油雙魷

材料：

紅白素魷魚各 200 克
太白粉水 20 克
小黃瓜 30 克，薑 3 克
胡蘿蔔 40 克，鹽 5 克
醬油 15 克，紅油 20 克
素高湯 50 克，麻油 15 克
青、紅椒片適量

作法：

1. 素魷魚切塊、切花刀放入滾水燙熟，沖冷開水，瀝乾水分；小黃瓜洗淨，切塊汆燙。
2. 胡蘿蔔去皮，洗淨切條汆燙；薑去皮洗淨切末，備用。
3. 鍋中加入少量底油，燒至 6 成熱時，下入薑爆香，放入素魷魚、小黃瓜、胡蘿蔔、青椒、紅椒煸炒至香，烹素高湯，大火燒沸，以鹽、醬油、紅油調味後，用太白粉水勾芡，淋麻油起鍋裝盤即成。

故事與傳說

唐代的智舜禪師，一向在外行腳參禪。一天，他在山上林下打坐，忽見一個獵人，打中一隻野雞，野雞受傷逃到禪師座前，禪師以衣袖掩護著這只小生命。不一會兒，獵人跑來向禪師索討野雞：「請將我射中的野雞還給我！」禪師無限慈悲地開導著獵人：「它也是一條生命，放過它吧！」「你要知道，那只野雞可以當我的一盤菜哩！」獵人一直和禪師糾纏，禪師無法，立刻拿起行腳時防身的戒刀，把自己的耳朵割下來，送給獵人，並且說道：「這兩隻耳朵，夠不夠抵你的野雞，你可以拿去做一盤菜了。」獵人大驚，終於覺悟到打獵殺生乃殘忍之事。為了救護生靈，不惜割捨自己的身體，這種「但為眾生得離苦，不為自己求安樂」的德性，正是禪師慈悲的具體表現。

素燒鵝

材料：
豆皮 12 張，香菜 10 克，醬油 25 克
素高湯 250 克，白糖 6 克，麻油 15 克
八角 3 粒

作法：
1. 醬油、素高湯、白糖、八角放入小鍋中煮開，待涼後做成滷汁，備用。
2. 豆皮修去邊皮，裁成四方形攤開，刷上滷汁，一起放入鍋中蒸 5 分鐘，取出。
3. 平底鍋中倒油燒熱，放入蒸好的豆皮，用小火煎至兩面呈金黃如烤鵝狀，即盛出切片，放上香菜裝飾即上桌。

注意： 素燒鵝可夾在刈包或吐司麵包中吃，風味尤其香醇。

少林滋補素羊肉

材料：
素羊肉、山藥各 200 克，胡蘿蔔 16 克
當歸 12 克，枸杞子 10 克，黑棗 4 粒
素高湯 300 克，鹽 5 克，川芎、黃芪、
老薑各 4 克

作法：
1. 素羊肉切片；山藥、胡蘿蔔去皮洗淨切片；當歸洗淨；枸杞子放入溫水中浸泡；川芎、黃芪、老薑、黑棗洗淨。
2. 將素羊肉、山藥片、胡蘿蔔片、當歸、枸杞子、川芎、黃芪、老薑、黑棗、素高湯裝入盅中，覆蓋保鮮膜，封口，上籠蒸 30 ～ 40 分鐘，取出，上桌前加入鹽，盛入碗中即可。

注意： 燉盅可用砂鍋代替。處理山藥如會手癢，可將雙手浸入溫水中，泡 30 分鐘即可止癢。

桃園三結義

材料：

香菇 100 克，冬筍 100 克
素火腿 100 克，青花菜 50 克
豆腐 75 克，醬油 20 克，鹽 5 克
胡椒粉 3 克，素高湯 75 克
太白粉水 25 克

口味：

脆嫩鮮爽。

作法：

1. 香菇經水發好後，去蒂洗淨切細絲；素火腿切細絲；筍去皮洗淨，切絲；青花菜汆燙，沖涼備用；豆腐切丁備用。

2. 蒸碗內抹上一層油，依序放入香菇絲、筍絲和火腿絲，上籠以大火蒸 10 分鐘後倒出湯汁（湯汁需留用），取出反扣裝盤，再放上青花菜、豆腐。

3. 鍋中加入倒出的湯汁，烹入素高湯，大火燒沸，以鹽、醬油、胡椒粉調味後，用太白粉水勾芡，澆淋於倒扣在盤中的三絲上即可。

注意：

因青花菜煮太久不美觀，鋪入蒸碗中時，可用半片番茄墊底，等蒸好扣出時再挖出番茄，排入青花菜即可。

養生與營養：

竹筍的食用纖維豐富，可幫助預防大腸癌及便秘，對抑制膽固醇也很有效，但其中帶澀味的乙二醇對結石患者不佳，須控制食量。

猴頭菇燒山藥

材料：
猴頭菇 100 克，山藥 200 克
胡蘿蔔 30 克，紅辣椒 10 克
薑 3 克，素高湯 150 克，鹽 5 克
胡椒粉 3 克，太白粉水 25 克

口味：
鮮鹹可口。

作法：
1. 猴頭菇洗淨切塊汆燙；山藥、胡蘿蔔去皮洗淨，切塊汆燙。

2. 紅辣椒去籽去蒂，洗淨切塊汆燙；薑去皮洗淨切片。

3. 鍋中倒入少量底油，燒至 6 成熱時，爆香薑片，下入猴頭菇、山藥塊、胡蘿蔔塊、紅辣椒煸炒至香味出，烹素高湯，大火燒沸，加鹽、胡椒粉調味後，撈出薑片，用太白粉水勾芡，起鍋裝盤即成。

注意：
猴頭菇必須用滾水汆燙，去除鹼味及泥土，再用清水沖淨。加入高湯蒸煮入味，味道更加鮮美。

養生與營養：
猴頭菇因形體酷似猴子的頭部而得名，味道鮮美，含豐富的蛋白質，能幫助消化，並提高免疫力。

青椒塔

材料：

青椒 200 克，酥炸粉 1 克，鹽 5 克
番茄醬 30 克，素高湯 15 克
太白粉水 25 克，麵粉 30 克
米醋 12 克

口味：

香軟味濃。

作法：

1. 青椒剖開，去籽去蒂，洗淨切長寬條；酥炸粉、麵粉、清水調勻成麵糊，將青椒放入沾裹均勻後備用。

2. 鍋中加入多量底油，大火燒至 6 成熱時，下入裹好麵糊的青椒，炸至金黃色時，撈出瀝油備用。

3. 鍋中加入少量底油，燒至 5 成熱時，下入番茄醬小火煸炒，烹米醋、鹽和少量素高湯，倒入太白粉水勾芡，下入炸好的青椒，翻炒均勻後起鍋裝盤即成。

注意：

裹粉後入鍋炸青椒，不要炸太久，只要將外皮的粉漿炸酥即可，以免青椒熟軟。青椒入鍋拌調味料的時間不要太久，才可保持酥脆口感。

細說主食材

青椒由原產中南美洲熱帶地區的辣椒在北美改良而來，青椒的別名很多，如大椒、燈籠椒、柿子椒等，因能結甜味漿果，又叫甜椒、菜椒。青椒是一年生或多年生草本植物，其特點是果實較大，辣味較淡甚至根本不辣，通常被作為蔬菜食用而不作為調味料。

嵩山素雞

材料：

素雞 350 克，馬鈴薯 100 克
胡蘿蔔 75 克，豌豆 15 克
葡萄乾 15 克，奶油 20 克
乾麵粉 50 克，胡椒粉 3 克
咖哩粉 15 克，番茄醬 15 克
鹽 5 克，素高湯 50 克
椰奶 26 克，太白粉水適量

作法：

1. 馬鈴薯、胡蘿蔔分別去皮，洗淨，切塊氽燙；豌豆洗淨，氽燙瀝乾，晾乾備用。
2. 素雞切大塊；葡萄乾洗淨；乾麵粉、胡椒粉、咖哩粉拌勻；素雞均勻沾裹乾麵粉、胡椒粉、咖哩粉的混合粉。
3. 鍋中倒入多量底油，燒至 6 成熱時，下入素雞炸至表面金黃色時撈出瀝油備用；鍋中倒入多量底油，燒至 6 成熱時，下入胡蘿蔔塊炸至顏色變深時撈出瀝油備用。
4. 鍋中加入多量底油，燒至 6 成熱時，下入馬鈴薯塊，炸至表面呈金黃色，撈出瀝油備用。
5. 鍋中加入奶油小火慢熬至化開，下入番茄醬、椰奶、咖哩粉、胡椒粉、鹽、白糖炒香，下入胡蘿蔔、馬鈴薯、素雞，煸炒至香，烹素高湯，大火燒沸，加豌豆，小火慢燉 5 分鐘，改大火，用太白粉水勾芡，起鍋裝盤，撒葡萄乾即成。

注意： 如果用烤的，可放入耐熱容器，表面撒上起司粉或比薩專用的乳酪絲，放進預熱好的烤箱用 200℃烤 10 ～ 15 分鐘，待乳酪化開呈金黃色即可。

菠菜素肉末

材料：
菠菜 300 克，素肉末 75 克
白芝麻 10 克，麻油 10 克
太白粉水 25 克，鹽 5 克
素高湯 50 克

口味：
軟滑香韌。

作法：
1. 菠菜去蒂去黃葉，洗淨；鍋中倒入清水，燒沸後加鹽、湯、麻油調味後，放入菠菜燙至顏色變深時撈出瀝水，裝盤。
2. 白芝麻炒至熟透備用。
3. 鍋中加入少量底油，大火燒至 6 成熟時，下入素肉末煸炒至香味出，烹素高湯，大火燒沸後撒鹽調味，用太白粉水勾芡，淋麻油，澆淋於擺盤的菠菜上，最後撒上炒好的白芝麻即成。

注意： 菠菜汆燙時間不宜過長。

故事與傳說

《新唐書·西域傳》記載有「泥婆羅（貞觀）二十年（西元 647 年），一遺使人獻波棱、酢菜、渾提蔥。」表明菠菜由尼泊爾傳入中國。

枸杞絲瓜

材料：

絲瓜 400 克，嫩薑 3 克
枸杞子 12 克，鹽 5 克
素高湯 20 克
太白粉水 15 克

口味：

香軟味濃。

作法：

1. 絲瓜去皮洗淨，切滾刀塊後汆燙；嫩薑去皮，洗淨切絲；枸杞子經溫水略泡備用。
2. 鍋中加入少量底油，大火燒至 6 成熱時，下入薑絲煸炒至香味出。
3. 絲瓜入鍋煸炒，烹入素高湯，大火燒沸後加鹽調味，撒枸杞子，再用太白粉水勾芡，起鍋裝盤即成。

注意：絲瓜需加水燒軟。枸杞不要泡太久。

故事與傳說

有一個信者在屋簷下躲雨，看見一禪師正撐傘走過，於是喊道：「禪師！普度一下眾生吧！帶我一程如何？」禪師道：「我在雨裡，你在簷下，而簷下無雨，你不需要我度。」信者立刻走出簷下，站在雨中，說道：「現在我也在雨中，該度我了吧！」禪師：「我也在雨中，你也在雨中，我不被雨淋，因為有傘；你被雨淋，因為無傘。所以不是我度你，而是傘度我，你要被度，不必找我，請自找傘！」說完便走了！自己有傘，就可以不被雨淋，自己有真如佛性，應該不被魔迷。自傘自度，自性自度，凡事求諸己，禪師不肯借傘，這就是禪師的大慈悲了。

武僧山藥素湯

材料：
新鮮山藥 1 小段（約 300 克）
香菇 2 克，胡蘿蔔 1 小段
木耳菜 1 把，鹽 6 克
麻油 15 克

口味：
軟滑脆嫩，湯鮮味濃。

作法：
1. 山藥去皮洗淨，切塊；香菇
   經水發好後去蒂，切片。

2. 胡蘿蔔去皮洗淨，切塊；木耳菜摘取嫩葉，洗淨，
   留木耳菜梗備用。
3. 鍋內加入多量清水，燒至沸後，將木耳菜梗放
   入煮 20 分鐘後撈出，再將山藥、香菇、胡蘿蔔
   放入湯內煮至熟透，放入木耳菜葉，用鹽調味，
   盛出擺盤，滴少許麻油即成。

注意：
木耳菜有股清香味，但若煮的時間太短，香味不
易散出，因此先將菜梗熬出味，再放素葉，以免
菜葉變黃。

細說主食材

中國栽培的山藥主要有普通的山藥和田薯兩大類。普通的山藥塊莖較小，其中尤以
古懷慶府（今河南沁陽）所產山藥最名貴，素有「懷參」之稱。

易筋卷書

材料：

粉皮 1 張，菠菜 150 克，鹽 6 克
小黃瓜 50 克，胡蘿蔔 75 克
花生粉 14 克，豆芽菜 75 克

口味：

韌香軟滑，鹹鮮適口。

作法：

1. 胡蘿蔔去皮，洗淨切絲，汆燙放涼；小黃瓜洗淨剖開，切成 6 等分細絲，放入鹽水中略泡。

2. 粉皮攤開，直切成兩長片；菠菜去蒂洗淨，切小段汆燙；豆芽菜洗淨汆燙。

3. 將菠菜段、小黃瓜絲、胡蘿蔔絲、豆芽菜以鹽、花生粉調味後以粉皮卷成筒狀，切小段擺盤。

注意：

粉皮最好當天買當天用，因粉皮經過冷藏會變硬，不適合包卷。

素四大金剛

材料：
四金剛料（芡實、薏仁、淮山藥、茯苓）各 50 克，乾蓮子 35 克、鹽 5 克，素高湯 500 克

口味：
湯汁濃郁，鮮鹹可口。

作法：
1. 將四金剛料、蓮子洗淨後備用。
2. 砂鍋內放入四金剛料和浸泡好的蓮子，加入素高湯大火燒沸，改小火煮 40 分鐘，撒鹽調味後，起鍋裝盤即成。

注意：
四金剛料可在中藥房買到。乾蓮子不需泡水，洗淨直接放入即可。

養生與營養：
芡實含有豐富的澱粉，可提供人體熱能，並含有多種維生素和碳物質。薏仁含有的高纖維能促進腸胃蠕動，本身的熱量又低，常吃可以排除體內多餘的積水和毒素，讓皮膚黑斑盡去、煥發光澤。淮山藥具有健脾、補肺、固腎、益精等多種功效。茯苓味甘、淡，性平，歸心、脾、肺、腎經，氣微性和，可升可降，具有利水滲濕、健脾補中、寧心安神的功效。

金剛壯骨

材料：

乾金針花 200 克，油炸麵筋 180 克
太白粉水 15 克，素高湯 20 克
醬油 25 克，白糖 15 克

口味：

軟滑韌舒，鹹鮮可口。

作法：

1. 乾金針花用清水泡軟，摘除根部硬結，洗淨後每根金針花打結；油麵筋用熱水泡軟，撈出備用。

2. 鍋中加入少量底油，燒至 6 成熱時，下入金針花煸炒至香味出，加油麵筋繼續煸炒至香，烹醬油、白糖、少量素高湯，大火燒開，小火慢燉 10 分鐘入味，太白粉水勾芡，翻炒均勻後起鍋裝盤即成。

注意：

金針花不要泡太久，以免打結時折斷。金針花打結再燒，可防止燒煮時散開。油麵筋用熱水泡，較能保留其韌性，而且不會因漲開而鬆軟。

養生與營養：

金針花中蛋白質、脂肪、碳水化合物、鈣、磷、鐵、胡蘿蔔素、核黃素的含量都高於番茄等常見的蔬菜。油麵筋色澤金黃，表面光滑，味香性脆，吃起來鮮美可口，含有很高的維生素與蛋白質成分，別具風味。

故事與傳說

人們用來佐膳的金針花，學名為萱草。金針花又名忘憂草，吳中書生謂之療愁。秘康《養生論》雲：「萱草忘憂」。金針花已栽種了兩千多年，是中國特有的土產。據《詩經》記載，古代有位婦人因丈夫遠征，遂在家居北堂栽種萱草，藉以解愁忘憂，從此世人稱之為「忘憂草」。

紫菜豆腐

材料：
紫菜 100 克，豆腐 350 克
醬油 20 克，白糖 6 克
太白粉水 25 克，麻油 10 克

口味：
湯如烏金，鮮鹹適口。

作法：
1. 將紫菜沖洗乾淨，再以清水浸泡 10 分鐘；
   豆腐切四方塊。
2. 鍋中加入少量底油，燒至 6 成熱時，下入豆
   腐塊，小火煎至兩面金黃色時，烹醬油調
   味，下入紫菜，加糖調味，大火燒沸。
3. 轉小火慢燒入味，待湯汁稍乾時，用太白粉
   水勾芡，淋麻油起鍋裝盤即成。

注意：紫菜洗淨後，於最後放入。

養生與營養：
紫菜不但具有一定的抗癌效果和顯著的美容效果，對預防動脈硬化、腦血栓、眩暈
症、呼吸困難等具有良好輔助治療效果。

栗子燒麵筋

材料：

麵筋 150 克，新鮮栗子 150 克
薑 2 克，醬油 25 克，白糖 10 克

口味：

栗香軟 Q。

作法：

1. 麵筋撕成塊；栗子去殼去皮煮熟；薑去皮洗淨切片。

2. 鍋中加入少量底油，燒至 6 成熱時，下入薑片爆香，加入栗子和麵筋塊，以醬油、白糖調味後大火燒沸，小火慢燒 5 分鐘後以大火收汁，起鍋裝盤即成。

注意：

買不到新鮮栗子時，可用乾製品，但因質地硬，要泡久一點，蒸熟後再用。買麵筋前先聞一下，若有酸味代表麵筋已經變質。

故事與傳說

有一次，道吾禪師問雲岩：「觀世音菩薩有千手千眼，請問你，哪一個眼睛是正眼呢？」雲岩：「如同你晚上睡覺，枕頭掉到地下去時，你沒睜開眼睛，手往地下一抓就抓起來了，繼續睡覺，請問你，你是用什麼眼去抓的？」道吾禪師聽了之後，說：「喔！師兄，我懂了！」「你懂什麼？」「遍身是眼。」雲岩禪師一笑，說：「你只懂了八成！」道吾疑惑地問：「那應該怎麼說呢？」「通身是眼！」「遍身是眼」，這是從分別意識去認知的；「通身是眼」這是從心性上無分別智慧上顯現的。我們有一個通身是眼的真心，為什麼不用它徹天徹地地觀照一切呢？

壯骨白菜卷

材料：
芋頭 400 克，香菇 75 克
胡蘿蔔 75 克，白菜 100 克
鹽 5 克，胡椒粉 4 克
太白粉水 25 克

口味：
軟嫩可口，鮮鹹適中。

作法：
1. 芋頭去皮洗淨蒸熟，趁熱碾碎搗成泥，拌入適量油、鹽、胡椒粉。

2. 香菇經水發好後，去蒂切末；胡蘿蔔去皮洗淨，煮熟切碎；將芋頭泥加香菇末、胡蘿蔔末，攪拌均勻備用。

3. 白菜洗淨分葉，用熱開水將白菜葉燙軟，切除硬梗，放涼後包入調好的芋頭餡料，卷成小卷，上籠蒸 10 分鐘，取出擺盤。

4. 鍋中加入素高湯，大火燒沸，撒鹽調味後，用太白粉水勾芡，將白菜卷下入略煮，起鍋裝盤即成。

注意：
除了用芋頭，也可以用馬鈴薯。另外，不喜歡胡蘿蔔生味的人，可以將其煮熟再切碎拌入。蒸好的菜卷入鍋燴時，要注意時常移動鍋，以免黏鍋。

香菇燴芥菜

材料：
芥菜 350 克，香菇 100 克，鹽 5 克
胡蘿蔔 25 克，嫩薑 2 克，白糖 5 克
太白粉水 25 克，醬油 22 克

口味：
芥香四溢，脆嫩適口。

作法：
1. 芥菜切塊，放入開水 中燙一下，熟軟時撈出沖涼；胡蘿蔔切片；薑洗淨切片。

2. 香菇泡軟、去蒂切半，放入鍋中用油炒香，加醬油、白糖、清水先燒入味，待湯汁收乾時盛出。

3. 鍋中入油，爆香薑片再炒芥菜，接著放入香菇、胡蘿蔔同炒，並加鹽、清水、太白粉水炒勻即盛出。

注意：
燙芥菜心時，可在水裡加點鹽或小蘇打，以保持芥菜心的翠綠色澤。

養生與營養：
芥菜，性溫味辛，其營養成分豐富，有蛋白質、醣類、鈣、磷、鐵、胡蘿蔔素和多種維生素等。

細說主食材

中國的芥菜主要有芥子菜、葉用芥菜、莖用芥菜、薑用芥菜、芽用芥菜和根用芥菜 6 種類型。芥菜喜冷涼潤濕，忌炎熱、乾旱，稍耐霜凍。

僧家茄子

材料：
茄子 300 克，豆瓣醬 30 克
白糖 6 克，太白粉水 25 克
鹽 3 克，素高湯 10 克

口味：
豆瓣醬香，軟滑適口。

作法：
1. 茄子洗淨去蒂，切小段，放入
   鹽水中浸泡 5 分鐘，然後撈出
   瀝乾。
2. 鍋內放入多量底油，大火燒至
   6 成熱時，下入茄子大火炸至
   顏色變深時撈出瀝油備用。

3. 鍋中加入少量底油，燒至 6 成熱時，下入
   豆瓣醬、白糖、鹽和少量素高湯，燒至沸，
   加入茄子段，稍燒 5 分鐘後，用太白粉水
   勾芡，翻炒均勻起鍋裝盤即成。

注意：
茄子切開後容易變色，用鹽水浸泡即可避
免，但不必泡太久，且一定要瀝乾，因為瀝
乾後，油炸時才不會產生油爆。茄子要選尾
端尖，柔軟度好的，這樣成品口感較佳。此
處所用的豆瓣醬不是川式辣豆瓣，而是河南
豆瓣醬，色澤較黑，但也有辣與不辣兩種調
味，可視個人喜好選擇。

碧波竹笙

材料：
菠菜 150 克，竹笙 100 克
枸杞子 12 克，麻油 15 克
鹽 5 克，太白粉水 20 克
素高湯 500 克

作法：
1.菠菜洗淨，用開水燙一下，立刻用冷水沖涼，然後切碎；竹笙浸泡，漲開後除去雜質，切成小段。
2.素高湯倒入鍋內，放入竹笙以小火煮開，再放入枸杞子及鹽、太白粉水、麻油共煮，最後倒入切碎的菠菜，煮好即盛出。

口味：
清爽鮮嫩滑。

注意：
菠菜先燙過再沖涼，可保持色澤翠綠，但不用燙太久，因此最後再放入即可。

養生與營養：
菠菜富含維生素 A、維生素 C，具有預防感冒等功效。

細說主食材

天然竹笙與人工培植的竹笙價錢相差 10 倍以上，「質」與「味」也有差距。天然竹笙以赤白色為佳，長短參差不齊，菌身紗網結實而細緻，菌裙短但裙網粗，浸發後不易爛，同時帶有草的幽香，嚼之爽脆。

菜心梅花

材料：

青江菜 12 棵，豆腐 200 克，白糖 4 克
香菇 40 克，胡蘿蔔 20 克，醬油 20 克
素高湯 25 克，鹽 2 克（放入湯汁中）
鹽 5 克（放入豆腐丸中），太白粉 25 克
胡椒粉 2 克，太白粉水 15 克

口味：

清脆鹹鮮，軟嫩適口。

作法：

1. 豆腐用刀碾碎後瀝乾，放入容器中；
   香菇經水發好，去蒂洗淨切丁。
2. 胡蘿蔔去皮洗淨，切丁；豆腐泥、香
   菇丁、胡蘿蔔丁、鹽、太白粉攪拌均
   勻，製成丸子；青江菜洗淨，汆燙後
   備用。

3. 鍋中加入少量底油，大火燒至 6 成熱
   時，下入青江菜煸炒，撒鹽調味後起鍋
   擺盤。
4. 鍋中加入多量底油，大火燒至 7 成熱
   時，下入做好的丸子，炸至浮起變金黃
   色時，撈出瀝油備用。
5. 鍋中加入少量底油，燒至 6 成熱時，加
   入醬油、鹽、胡椒粉、白糖、素高湯，
   大火燒沸後用太白粉水勾芡，下入炸好
   的丸子，翻炒均勻起鍋擺盤即成。

注意：

炸豆腐丸的油要夠熱，這樣丸子放入時
才不會散開。

芹香素肚

材料：
素肚 400 克，嫩薑 5 克，山芹 150 克
紅辣椒 8 克、醬油 20 克、麻油 1 克
胡椒粉 2 克，香菇精 50 克、鹽 2 克

口味：
芹香四溢，肚脆鮮美。

作法：
1. 素肚洗淨，切成粗條汆燙；紅辣椒
去籽去蒂，洗淨切成絲汆燙。

2. 嫩薑去皮洗淨，切絲；山芹去葉去蒂去老
筋，洗淨切段汆燙。

3. 鍋中加入少量底油，大火燒至 6 成熱時，
下入紅辣椒絲爆香，加素肚條、薑絲繼續
煸炒至香味出，撒鹽、胡椒粉、醬油調味
後，快速翻炒，撒香菇精，淋麻油翻炒均
勻，起鍋裝盤即成。

注意：
假如喜歡吃軟一點的素肚，可將素肚條用熱
水汆燙一下再炒，口感比較軟。

養生與營養：
山芹含蛋白質、鈣、磷、維生素 C 及鐵等營養素，具健胃、提神、保暖的功效，對婦
女產後調養和生理不適，均有舒緩作用。

武僧長生湯

材料：

蓮藕 350 克，香菇 70 克，素肉 50 克
花生 50 克，黑棗 4 粒，鹽 5 克
素高湯 200 克

口味：

鮮鹹脆嫩，湯鮮味濃。

作法：

1. 素肉切片；蓮藕去皮洗淨，切片；花生
   去殼洗淨，經浸泡後備用。
2. 香菇經水發好後，去蒂洗淨；黑棗去核
   洗淨。
3. 砂鍋中加入素高湯，下入香菇、花生、
   蓮藕、黑棗，大火燒沸，小火熬煮半小
   時，至材料熟爛，再放入素肉同煮，加
   鹽調味。
4. 煮至所有材料軟爛，即可盛出上桌。

少林百才

材料：

素肚 350 克，竹筍 150 克，蘆筍 35 克
茭白筍 20 克，枸杞子 10 克，薑 6 克
素高湯 50 克，鹽 5 克，胡椒粉 2 克
太白粉水 25 克，麻油 15 克

作法：

1. 素肚洗淨切條，汆燙；枸杞子經溫水浸
   泡洗淨；茭白筍去皮洗淨，切條汆燙。
2. 蘆筍去皮洗淨，切條汆燙；薑去皮洗淨，
   切片；竹筍去皮洗淨，切片汆燙。
3. 鍋中加入少量底油，大火燒至 6 成熱
   時，下入薑片爆香，加素肚、茭白筍、
   蘆筍、竹筍煸炒至香味出。
4. 加素高湯，至大火燒沸時撒鹽、胡椒粉
   調味後，用太白粉水勾芡，撒枸杞子，
   淋麻油起鍋裝盤即成。

荷蒸豆腐

材料：
香菇 60 克，素火腿 60 克
豆腐 300 克，荷葉 1 張
薑塊 6 克，香菇汁 2 克
鹽 5 克，胡椒粉 2 克
麻油 10 克，太白粉水 20 克

口味：
軟嫩適口。

作法：
1. 素火腿及豆腐切成一樣的方形；將香菇、素火腿及豆腐疊在荷葉上，放入蒸鍋中蒸約 20 分鐘後盛盤。
2. 起油鍋爆香薑塊後撈起，在鍋中加入香菇汁，並加鹽及麻油，再加太白粉水勾芡，撒上少許胡椒粉後起鍋，淋在作法 1 上即可。

注意：
此菜好看，但不難做，最後的醬汁須在勾好芡後邊淋邊攪拌，白色的雪花才好看。吃時口中會飄來一陣荷香，是宴客的好佳肴。

養生與營養：
豆腐營養豐富，素有「植物肉」之美稱，其消化吸收率達 95％以上。兩小塊豆腐即可滿足一個人一天的鈣需求量。

竹笙素魚翅

材料：

竹笙 200 克，花菇水 25 克
素翅絲（粉絲）150 克
香菇 16 克，枸杞子 5 克
薑 5 克，鹽 5 克，白糖 2 克
太白粉水 20 克

口味：

笙香奇異，鹹香可口。

作法：

1. 竹笙、香菇、枸杞子、翅絲都分別用水泡軟。
2. 將翅絲穿過竹笙，一節節穿好，加水，放入蒸鍋蒸透。
3. 起小油鍋爆香薑，將泡好的香菇用小火炒香加花菇水並放鹽、糖調味。
4. 小火煮 5 分鐘，勾芡後淋在蒸好的竹笙上，放些枸杞子即完成。

細說主食材

竹笙是雲南省特產的一種名貴食用菌，是寄生在苦竹根部的一種隱花菌類，形狀略似汽燈紗罩，有深綠色的菌帽。竹笙中含有較高的蛋白質，菌肉色白，質嫩，散發清香，被廣大消費者所認可，是饋贈佳品。

燒素鮑魚

材料：

素鮑魚 10 個，西生菜 10 片，薑 6 克
醬油 20 克，高湯 200 克，太白粉水適量

作法：

1. 素鮑魚洗淨後加素高湯，上籠蒸 4 分鐘，取出；西生菜洗淨分片，經沸水燙熟後擺盤；薑去皮，洗淨切末。
2. 蒸好的素鮑魚倒出湯汁（湯汁留用），放在擺好盤的西生菜上。
3. 鍋中加入少量底油，燒至 6 成熱時，下入薑末爆香，烹入蒸素鮑魚時倒出的湯汁，用大火煮至沸，倒入醬油調味後用太白粉水勾芡，澆淋於擺好盤的素鮑魚上即成。

注意： 這道菜上桌得準備刀叉，最好一人一套。

煎豆腐

材料：

豆腐 400 克，荸薺末 60 克，香菇 50 克
素蝦仁 100 克，胡蘿蔔末 40 克
白胡椒粉 2 克，薑末、麻油、鹽各 5 克
素高湯 35 克，太白粉水 20 克

作法：

1. 素蝦仁洗淨切末；香菇經水發後，去蒂切末。
2. 豆腐切長方形塊，挖出一凹槽，將挖出的豆腐搗成泥狀；豆腐泥加荸薺末、素蝦仁末、香菇末、胡蘿蔔末、薑末，並加胡椒粉、麻油拌成餡，釀入豆腐塊的凹槽中。
3. 鍋中加多量底油，燒 6 成熱時，下釀好餡料的豆腐塊，炸至金黃色時撈出，瀝油備用。
4. 鍋中加素高湯，撒鹽調味，大火燒沸下豆腐塊，小火慢燒，加太白粉水勾芡後裝盤即成。

咕咾素肉

材料：
素肉 200 克，鳳梨 150 克
青椒 50 克，薑 2 克，醬油 10 克
太白粉水 10 克，白糖 15 克
白醋 8 克，番茄醬 50 克
鹽 2 克，麻油 10 克

口味：
酸甜滑軟。

作法：

1. 素肉切塊；鳳梨去皮洗淨，去核切塊；青椒去籽去蒂，洗淨切塊。

2. 薑去皮洗淨，切末；鍋中加入多量底油，燒至 6 成熱時，下入素肉炸至金黃色時撈出瀝油，備用。

3. 鍋中加入少量底油，大火燒至 6 成熱時，下入薑末爆香，加鳳梨塊和青椒塊煸炒至香味出，放入醬油、白糖、番茄醬、鹽調味。

4. 下入素肉小火燒 5 分鐘，加太白粉水勾芡，淋上白醋和麻油，翻炒均勻後起鍋裝盤即成。

注意：
炒菜時應特別注意調味料比例，使口味酸甜適中。

少林魚排

材料：
豆腐 500 克，醬油 15 克
番茄醬 25 克，醋 5 克
麵粉 50 克，白糖 10 克
鹽 5 克，太白粉水 20 克
香菜末 5 克

口味：
外酥脆內鮮嫩。

作法：
1. 豆腐切塊；勺中加入多量底油，大火燒至 6 成熱時，將豆腐塊輕輕地沾些麵粉放入鍋內，炸至金黃色後撈出瀝油，擺盤備用。
2. 香菜去葉洗淨切末；番茄醬、醬油、醋、白糖、鹽調成醬汁，加入鍋中以大火燒至沸，倒太白粉水勾芡後，澆淋於擺好盤的豆腐上，撒香菜末即成。

注意：煎豆腐魚排時火宜大不宜小，且速度要快。

故事與傳說

少林寺曾用少林素食在寺中先後招待過唐太宗、元世祖、清太宗等 20 多位帝王。西元 629 年 9 月，唐太宗因念及當年十三棍僧救駕之恩，親率魏徵等人拜訪少林寺，昊宗和尚以 60 多款素食擺設蟠龍宴招待唐太宗。

南洋烤麩

材料：
烤麩 400 克，辣椒 40 克
醬油 20 克，白糖 5 克
胡椒粉 2 克，素高湯 70 克
太白粉水 20 克，花椒粒 2 克
鎮江醋 8 克，薑 4 克

作法：
1. 烤麩切塊；薑去皮洗淨切片；
   辣椒去籽去蒂，洗淨切塊，
   汆燙備用。

2. 花椒粒洗淨，瀝水；鍋中加入多量底油，大火
   燒至 6 成熱時，下入烤麩炸至金黃色時撈出，
   瀝油備用。
3. 鍋中加入少量底油，燒至 5 成熱時轉小火，下
   花椒粒炸至顏色變深時，撈出花椒粒，轉大火，
   下入薑片爆香，加入烤麩煸炒。
4. 加入素高湯，以醬油、白糖、胡椒粉、鎮江醋
   調味後，下辣椒塊，小火慢燒 5 分鐘後，用太
   白粉水勾芡，起鍋裝盤即成。

注意： 烤麩若用手一塊塊地撕下來，筋不會斷，
   吃起來口感較好。

細說主食材

烤麩，是用帶皮的麥子磨成麥麩麵粉，而後在水中搓揉篩洗而分離出來的麵筋，再
經發酵蒸熟製成的。呈海綿狀，蛋白質含量高，也含有鈣、磷與鐵質，一般食品店
均有銷售。

乾燒春筍

材料：
春竹筍 400 克，酸菜 25 克，薑 5 克
香菇 15 克，辣椒 15 克，米醋 5 克
鹽 5 克，白糖 5 克

口味：
脆嫩有致，鮮香可口。

作法：
1. 酸菜、香菇、薑、辣椒切成碎末；
   竹筍切成塊，待用。

2. 起油鍋，用中火慢炸竹筍塊至成金黃色，
   撈起。
3. 鍋中加酸菜末、香菇末、薑末及辣椒末，
   用小火煸香，再加米醋、鹽、白糖入鍋，
   最後放入竹筍塊一起拌炒即可。

注意： 此菜在煸的時候一律用小火，得有耐
   心地將香菇及酸菜煸得乾乾的，再將
   竹筍入鍋拌炒，口感才會更爽口。

養生與營養： 春筍味道清淡鮮嫩，營養豐富，含有充足的水分、豐富的植物蛋白以及
鈣、磷、鐵等人體必需的營養成分和微量元素，特別是纖維素含量很高，常食有幫助
消化、防止便秘的功效。春筍是高蛋白、低脂肪、低澱粉、多膳食纖維素的營養美食。
春筍有「利九竅、通血脈、化痰涎、消食脹」的功效，現代醫學證實，吃筍有滋陰、
益血、化痰、消食、利便、明目等功效。

細說主食材

竹筍一年四季皆有，但惟有春筍、冬筍味道最佳。烹調時無論是涼拌、煎炒還是熬
湯，均鮮嫩清香，是人們喜歡的佳肴之一。

番茄燉豆腐

材料：

豆腐 400 克，番茄丁 150 克
薑末 5 克，香菜 10 克，鹽 5 克
辣椒末 10 克，酸菜末 20 克
素高湯 200 克，豆瓣醬 10 克
麻油 1 克，醬油 1 克，米醋 8 克
太白粉水 20 克，辣油 1 克
花椒粉適量

口味：

滑軟嫩鮮，微酸。

作法：

1. 豆腐切小方塊；將薑末、辣椒末、番茄丁、
   酸菜末及豆瓣醬下鍋炒香。
2. 將鹽、糖及素高湯同燒，小心地放下豆腐，
   加醬油用小火燒滾約 5 分鐘，淋下辣油、
   胡椒粉及麻油。
3. 起鍋前淋下醋並勾芡，淋少許麻油，撒上
   花椒粉，放些香菜即可上菜。

注意：番茄一定要炒出紅汁，火宜小不宜大。

故事與傳說

大約在明朝時，番茄傳入中國，當時稱為「番柿」，因為酷以柿子且色紅，又來
自西方，所以有「番茄」的名號。後來，番茄從中國傳入日本，日本稱它為「唐
柿」。而在中國歷史上，人們對境外傳入的事物都習慣加「番」字，於是「番茄」
的名號便傳開了。

芋頭餅

材料：
芋頭 500 克，鹽 6 克，胡椒粉 2 克

口味：
酥香脆嫩，色澤金黃。

作法：
1. 芋頭去皮洗淨，刨成絲。
2. 取一容器，放入芋頭絲，加入鹽、胡椒粉調味後拌勻。
3. 鍋中加入多量底油，燒至 6 成熱時，調小火，用手捏一小撮芋頭絲，下入炸至酥脆後撈出（一次可以多捏幾撮），待全部炸完後，瀝油裝盤，放涼即成。

注意：
選購質地輕，肉色白的芋頭，口感較好。芋頭未削皮前不要沖水，這樣削皮時才不會因過敏而手癢。拌芋絲時，若太乾，可以酌量加少許水，以利拌勻。

養生與營養：
芋頭中富含蛋白質、鈣、磷、鐵、鉀、鎂、鈉、胡蘿蔔素、皂角苷和多種維生素等成分，所含的礦物質中，氟的含量較高，具有潔齒防齲、保護牙齒的作用。

少林寺素餅

材料：

水油麵團 250 克，酥油麵團 100 克
靈芝、猴頭菇、銀耳、銀杏、木耳
嵩蘑菇、香菇、茯苓、芝麻各 50 克
鹽 5 克，白糖 15 克

作法：

1. 靈芝、猴頭菇、銀耳經水發好後
   洗淨切末；銀杏洗淨，經浸泡至
   軟後剁成末。

2. 木耳、蘑菇、香菇經水發好後去蒂洗淨切
   末；茯苓經水發好後洗淨切末；芝麻炒至
   熟透後備用。

3. 靈芝、猴頭菇、銀耳、銀杏、木耳、嵩蘑菇、
   香菇、茯苓用鹽、白糖調味製成餡料。

4. 將水油麵團和酥油麵團揉成一個大麵團，
   加入調好的餡料製作成餅狀。

5. 煎餅機燒熱刷油後，將製作好的餅下入，
   以小火煎至雙面金黃內裡熟透，取出沾勻
   芝麻裝盤即成。

故事與傳說

八寶酥沒有失傳，現是少林和尚的傳統食品，主料為靈芝、猴頭菇、銀耳、銀杏、
木耳、嵩蘑菇、香菇、茯苓八種，因為它們有各種療效，能起到強筋活絡、提神
健身、延年益壽的作用。少林寺素餅配方十分講究，它來源於少林寺祖傳膳食秘
方，由少林寺釋延教大師監製。嵩山少林寺是舉世聞名的禪宗祖庭，也是少林派
拳術的發源地。在寺廟素食裡，蘊含了佛教普度眾生、慈悲為懷的理念。

燴麵

材料：
馬鈴薯、胡蘿蔔、蘑菇、草菇
素雞各 25 克，番茄醬 15 克
薑 8 片，鹽 5 克，醬油 15 克
素高湯 750 克，寬麵 500 克
香菜 15 克

口味：
香鮮，滑韌，微酸。

作法：

1. 馬鈴薯、胡蘿蔔去皮洗淨，切丁汆燙；蘑菇、草菇洗淨，切丁汆燙。

2. 素雞切丁汆燙；薑去皮洗淨；香菜去葉去蒂，洗淨切末。

3. 鍋中加入少量底油，大火燒至 6 成熱時，下入薑片爆香，加番茄醬、醬油、鹽，小火炒香後下入馬鈴薯丁、胡蘿蔔丁、蘑菇丁、草菇丁、素雞丁煸炒。

4. 烹入素高湯，大火至沸，小火慢燉 5 分鐘後即成麵滷。

5. 鍋中加入多量清水，將寬麵於水沸時下入，煮熟後撈出瀝水，加入調好的滷湯中，撒香菜即成。

注意：麵現下現燴。

長壽麵

材料：

長壽麵 500 克，素高湯 750 克
茭瓜（西葫蘆）、黃瓜、胡蘿蔔
芹菜、蘆筍、香菇各 25 克
鹽 8 克，味精 4 克，胡椒粉 2 克
麻油 15 克

口味：

韌爽，滑香，鹹鮮。

作法：

1. 茭瓜（西葫蘆）、黃瓜、胡蘿
   蔔去皮洗淨，切絲汆燙。

2. 芹菜去蒂去葉去老筋，洗淨切段汆燙；蘆筍
   去皮洗淨，切段汆燙；香菇經水發好後去蒂
   洗淨，切絲汆燙。

3. 鍋中加入少量底油，大火燒至 6 成熟時，下
   入茭瓜絲、黃瓜絲、胡蘿蔔絲、芹菜段、蘆
   筍段、香菇絲，撒鹽、味精、胡椒粉調味後，
   烹入素高湯，淋麻油製作成滷湯，備用。

4. 長壽麵經沸水煮熟後，裝入碗中，澆淋上做
   好的滷湯即成。

注意：也可使用長壽麵原湯汁。

灌湯包

材料：

粉絲、豆腐、香菇、白菜各 150 克
素高湯洋菜凍 120 克，味精 2 克
半發酵麵糰 300 克，鹽 5 克
胡椒粉 1 克，麻油 20 克

口味：

湯鮮味美。

作法：

1. 粉絲洗淨後以熱水燙軟；豆腐切絲。
2. 香菇經水發好後去蒂洗淨，切絲；白菜洗淨分片，切絲。
3. 粉絲、豆腐絲、香菇絲、白菜絲加入鹽、味精、胡椒粉、麻油調味拌勻後，製成餡料。
4. 半發酵麵團擀製成包子皮後，將調好的餡料和素高湯洋菜凍包入其中，上籠蒸至熟透，起鍋裝盤即成。

注意：洋菜凍要放在包子的中心。

靈隱寺齋菜

山剎
名古

靈隱寺概況

靈隱寺位於杭州西湖西北，其獨到之處，就在於「隱」。一般的寺廟都求山門前開闊，以炫法門的氣派。靈隱寺卻偏處群峰環抱的峽谷中，背依青幽的北高峰，面屏秀美的飛來峰，一泓冷泉從寺前穿過，使得「靈山、靈峰、靈水、靈鷲、靈隱」渾然天成，使人恍如置於仙靈所隱之地。靈隱寺歷史悠久，是中國禪宗著名五山之一，現存建築主要有天王殿、大雄寶殿、東西迴廊和西廂房、聯燈閣、大悲閣等。

靈隱寺的正中是天王殿，兩旁各有東西山門與之並列。殿上方高懸康熙親題的「雲林禪寺」匾額，下方是黃元秀居士題的「靈鷲飛來」大匾。走遍全寺，卻唯獨不見「靈隱禪寺」的匾額。相傳，這是康熙皇帝鬧出的笑話。一日，這位喜歡遊山玩水、到處吟詩題字的康熙帝，來到了靈隱寺。方丈得知，早早為他備好筆墨，請他賜題寺名。誰知這位皇上一時性急，把繁體字「靈」字上半截的「雨」頭寫得過大。正左右為難時，一旁的高大學士急中生智，把繁體「雲林」二字書於手心，故作無意狀示一側。康熙瞥見龍顏大悅，機智地寫下了「雲林禪寺」四字。從此，靈隱寺就成了「雲林禪寺」。

天王殿內供奉著一尊大肚彌勒佛，人稱「皆大喜歡彌勒佛像」，佛像的佛龕壁上，有一副對聯：「說法現身容大度，救人出世盡歡顏。」殿的兩側，分列坐著象徵著「風調雨順」的四大天王。四大天王高八米，威武雄壯，盛氣凌人。大肚彌勒佛像的背後，是手執降魔杵的護法神將韋馱像。韋馱原本是印度神話中南方「增長天王」的八神之一，起威鎮三洲的作用。這尊韋馱像，形象豐滿，雕刻精湛，是南宋時代的遺物，它由香樟木雕成，一塊塊鑲嵌在一起，整座塑像沒用到一根釘子，由此可以看出當時的工藝水準有多高。

出天王殿是單層三重簷的大雄寶殿，香煙繚繞、梵音聲聲的大雄寶殿，氣勢雄偉。殿簷上懸掛著兩塊金匾——上匾「妙莊嚴域」，是已故著名書法家張宗祥所題；下匾「大雄寶殿」四字，剛健挺拔、沉鬱磅礴，是西泠印社社長沙孟海的墨蹟。寶殿正中的釋迦牟尼佛像，高踞於蓮花座上，其妙相莊嚴，金碧輝煌。

佛像的兩側，還有文殊、普賢菩薩塑像和 24 尊天宰的立像。寶殿後壁，是善財童子參拜 53 位名師，最後拜倒在手持淨瓶、腳踏鰲背的南海觀音門下的故事。這組群像共有人物大小 156 人，觀音、善財、龍女、各菩薩的形象，都塑得栩栩如生。

在靈隱寺 1600 餘年的歷史中，幾經毀滅重建，數度興廢。唐以前的已無從詳考。五代時，吳越王命延壽禪師重修靈隱寺，靈隱寺達到鼎盛時期。新中國成立後，靈隱寺進行了兩次全面整修。一次是在 1975 年，由國務院批准，對靈隱寺進行了全面維修。這次重修了天王殿、大雄寶殿共 189 尊大小佛像，並進行了大佛內部的滅蟲薰蒸和石塔、經幢的防風化處理。寺內的匾額、楹聯以及飛來峰石刻造像等，也進行了重修，使千年寺廟煥然一新，更加金碧輝煌。

腐皮三絲卷

材料：
富陽豆腐皮（豆皮）2 張
胡蘿蔔 50 克，馬鈴薯 50 克
海帶 50 克，胡椒粉 1 克
麻油 5 克，味精 2 克
鹽 2 克

口味：
酥香爽口，脆嫩有序。

作法：
1. 胡蘿蔔、馬鈴薯去皮洗淨，切絲汆燙，備用。
2. 海帶洗淨，切絲汆燙；豆皮平鋪，以溫水稍燙。
3. 胡蘿蔔絲、馬鈴薯絲、海帶絲加鹽、味精、胡椒粉、麻油調味，捲入豆皮中。
4. 鍋中加入多量底油，燒至 6 成熱時，下入卷好的豆皮，炸至金黃色時撈出瀝油，切菱形段擺盤即成。

注意： 卷的粗細一致，切時長短須均一。

養生與營養：
養胃健脾，滋脾養顏。豆皮中含有豐富的優質蛋白，營養價值較高，還含有大量的卵磷脂，可預防心血管疾病，保護心臟。

細說主食材

豆皮（腐皮）是豆漿中的精華，其養生與營養價值最高。卷包式方法在素齋中廣泛使用，在齋菜中「卷」意為讀經破卷之意，有詩為證：「三絲為智慧，豆皮為深禪，鋪卷成一品，味在寺禪中。」

素火腿

● 齋菜之美

製法各異味續延，品中自有不同端，雖然都叫一名稱，手法不同境無邊。素火腿是佛家弟子的口味精品，但作法不同其口味也不同。

材料：
富陽豆腐皮 500 克
五香粉 3 克，鹽 2 克
醬油 5 克，麻油 5 克
乾椒 2 根，水 50 克

口味：
韌中有度，鮮香可口。

作法：
1. 豆腐皮切絲；五香粉、鹽、醬油、麻油、乾椒加水調成醬汁，備用。
2. 豆腐皮絲包入紗布，放入調好的醬汁中浸透，卷緊紗布，用線繩捆住，上籠蒸 1 小時。
3. 取出晾乾裝盤即成。

注意： 卷的鬆緊度要適當。

養生與營養：
滋養潤神，蛋白質豐富。豆皮中含有豐富的優質蛋白，營養價值較高；含有多種礦物質，補充鈣質，防止因缺鈣引起的骨質疏鬆，促進骨骼發育，對小兒、老人的骨骼生長極為有利。

桂花白玉

● 齋菜之美

塊塊似白玉，大小均一致。咬住總想嚼，三口已嚥下。杭州民間的桂花白玉菜在靈隱師傅們研究後，口味更加濃郁。

材料：
山藥 500 克，白糖 75 克
乾桂花 15 克，番薯粉 20 克
太白粉水 20 克，白醋 20 克

口味：
酥香一口鮮，味道甜酸。

作法：
1. 山藥去皮洗淨，切滾刀塊。
2. 炒鍋加入多量底油，燒至 6 成熱時，將山藥塊拍番薯粉下入鍋中，待炸至金黃色時撈出瀝油。
3. 鍋內加入少量清水，下入白糖熬化，烹白醋調味，放入太白粉水勾芡後將山藥塊下鍋，翻勻起鍋，裝盤撒乾桂花即成。

注意：切的大小應一致，炸成金黃色。

黑胡椒素牛排

材料：
素牛排 10 塊
黑胡椒汁 50 克

口味：
黑胡椒味濃，軟韌相間。

作法：
1.素牛排切片。
2.鍋中加入少量底油，燒至6成熱時，下入素牛排片，煎至金黃後取出裝盤。
3.鍋中倒入黑胡椒汁，燒沸後淋於素牛排上即完成。

注意：
汁要燒沸，素牛排要以小火慢煎至透。

故事與傳說

形如牛展色如葷，鐵板聲中聞香味。一口咬定閉眼睛，真誤以為牛排肋。

年年素有魚

材料：

豆皮 2 張，嫩豆腐 600 克，鹽 3 克
香菇 20 克，口蘑 20 克，草菇 20 克
雞腿菇 20 克，太白粉水 25 克
豆腐乾 30 克，素高湯 25 克
醬油 25 克

口味：

形美似真，軟滑香嫩。

作法：

1. 豆皮鋪開，以溫水稍泡至軟；嫩豆
   腐絞碎製成泥；香菇經水泡發好後
   去蒂切丁。

2. 口蘑、雞腿菇、草菇洗淨切丁；豆腐乾
   切丁，備用。

3. 鍋中加入少量底油，燒至 6 成熱時，下
   入各種菇丁和豆腐乾炒香。

4. 將豆腐泥和各種菇丁、豆腐乾放入稍浸
   的豆皮上，包卷成魚形，入籠蒸 25 分鐘。

5. 鍋中加入少量底油，燒至 6 成熱時，下
   入素魚，小火慢煎至金黃後，取出裝盤。

6. 鍋中加入少量底油，燒至 6 成熱時，烹
   入素高湯，燒沸加入醬油、鹽、味精調
   味，用太白粉水勾芡，澆淋於裝盤的素
   魚上即成。

注意：煎時要小心，不要把形煎散。

養生與營養：

益氣補臟，養生養顏。豆腐食藥兼備，具有益氣、補虛等多方面的功能。

炸雙菇小卷

材料：
豆皮 2 張，小白菇 100 克
雞腿菇 100 克，椒鹽 5 克
番薯粉 25 克， 鹽、味精
適量

口味：
鮮嫩鹹香。

作法：
1. 豆皮沾水裁成長 6 公分、寬 4 公分的片；雞腿菇洗淨切條；小白菇洗淨，備用。
2. 番薯粉加水調和成糊狀，備用。
3. 雞腿菇、小白菇用鹽、味精調味，捲入豆皮中沾上番薯粉糊。
4. 鍋中加入多量底油，燒至 6 成熱時，下入雙菇卷，炸至金黃色後撈出瀝油。
5. 裝盤上桌時佐一碟椒鹽即可。

養生與營養：
健腦補腎，但炸物應盡量少食。雞腿菇肉質潔白細嫩，營養豐富，味道鮮美，並對糖尿病有明顯的輔助療效。

故事與傳說

菌菇歷來是佛家的常食品，炸雙菇是採用了酥炸和輕炸的兩種方法，有詩為證：酥炸焦香能碎渣，輕炸軟似鍋中塌，色感口感均不同，味道已到要垂涎。

雙色葡萄球

● 齋菜之美
雙色葡萄金燦燦,檸汁、茄汁均新鮮。酥酸不通各有味,一品方知要加餐。

材料:
酥麵團 150 克,濃縮檸檬汁 20 克
番茄汁 20 克,素高湯 20 克
太白粉水 10 克

口味:
酸香軟酥,滑嫩爽口。

作法:
1. 濃縮檸檬汁加水調勻;酥麵團分成
   數等分,揉成球備用。

2. 炒鍋中加入多量底油,大火燒至 6 成熱,
   下入酥麵團炸至金黃色,撈出瀝油。
3. 鍋中加入檸檬汁,大火燒沸,將太白粉
   水勾芡,下入酥麵團翻炒均勻裝盤。
4. 鍋中加入少量底油,大火燒至 6 成熱時,
   下入番茄汁,小火炒香,稍烹素高湯調
   勻,大火燒沸,用太白粉水勾芡,下入
   酥麵團翻勻裝盤即成。

注意:酥麵團炸製時間不可過長。

養生與營養:
開胃舒胃、舒筋活血。麵粉富含蛋白質、碳水化合物、維生素和鈣、鐵、磷、鉀、鎂
等礦物質,有養心益腎、健脾厚腸、除熱止渴的功效,可輔助治療臟躁、煩熱、消渴、
泄痢、癰腫、外傷出血及燙傷等。

白菜三絲卷

材料：
白菜葉 10 片，胡蘿蔔 75 克
筍 75 克，胡椒粉 2 克
香菇 75 克，鹽 2 克
味精 3 克，香油 5 克
麵粉水 5 克

口味：
味道鮮嫩，酥香脆韌。

作法：
1. 白菜葉洗淨汆燙；胡蘿蔔去皮洗淨，切絲汆燙；筍洗淨切絲，汆燙。
2. 香菇經水泡發好後去蒂洗淨，切絲汆燙。
3. 將胡蘿蔔絲、筍絲、香菇絲拌勻，以鹽、味精、胡椒粉、香油調味後，捲入汆燙好的白菜葉中，用麵粉水封邊，使其不散，上籠蒸製 3 分鐘後取出裝盤即成。

注意：卷包大小應一致。餡心味美，控制蒸製的時間。

養生與營養：含有豐富的碳水化合物、纖維素及維生素 E，是健康、減肥的新潮流。

故事與傳說

三世佛，是大乘佛教的主要崇敬對象，俗稱「三寶佛」。根據印度哲學，時間和空間是混淆的，因此三世佛分為以空間計算的「橫三世佛」與以時間計算的「縱三世佛」。橫三世佛，指中央釋迦牟尼佛、東方藥師佛（另一說是「不動佛」）、西方阿彌陀佛。縱三世佛，指過去佛燃燈佛、現在佛釋迦牟尼佛、未來佛彌勒佛。此菜中的「三」代表三世佛，而「卷」則代表了無所不包之佛的指揮，品三絲白菜卷，感悟佛陀之智慧，實在是人生一大樂事。

佛跳牆

材料：
各種蘑菇（約 10 種）600 克
乾菌粉（10 種）50 克
蘑菇精 5 克，味精 3 克
鹽 5 克，素高湯適量

口味：
鮮鹹滑口，湯美味濃。

作法：
1. 將種類各異的菌菇洗淨，汆燙備用。
2. 砂鍋中加入放了乾菌粉的素高湯大火燒沸，小火慢熬 10 分鐘，備用。
3. 將洗淨燙好的各種菌菇放入砂鍋中，大火燒沸，撒鹽、味精、蘑菇精調味後即成。

注意： 在家製作可選擇多種菌菇，也同樣能達到味鮮的目的。乾菌粉是將菌類乾製後磨成粉製成。

養生與營養： 補神益中，強身健體，抗癌治癌。蘑菇中含有人體難以消化的粗纖維、半粗纖維和木質素，可保持腸內水分平衡，還可吸收餘下的膽固醇、糖分，將其排出體外，對預防便祕、腸癌、動脈硬化、糖尿病等都十分有利。

故事與傳說

佛跳牆在一鍋中，鮮味濃淡各不同；要尋真味在此中，一勺一勺喝個淨。靈隱的「群仙燴」也稱之為「佛跳牆」，此菜是王金良先生在用乾菌粉熬湯的基礎上，再加上各種鮮蘑菇燉製而成的一道佛齋菜。

靈隱肉鬆

材料：
黃豆 300 克，鹽 2 克
味精 3 克，白糖 15 克

口味：
爽韌，清嫩適口。

作法：
1. 將黃豆泡軟備用。
2. 鍋內加白糖，以清水熬化，下黃豆翻炒，加鹽、味精調味，盛出晾乾。
3. 鍋中加多量底油燒至 5 成熱時，下入晾乾的作法 2 炸至金黃，撈出瀝油裝盤即成。

注意：先入味，火不宜過大。

養生與營養：舒筋活血，脾臟排毒。

故事與傳說

相傳，肉鬆是福州一位官廚補錯救急而發明的。西元 1856 年（清咸豐六年）福州鹽運使劉步溪的廚師林鼎鼎，在烹調時不慎把豬肉煮得太爛，這時鹽運使招待的客人又催著送菜。林鼎鼎靈機一動，急忙加入各種配料，炒製成肉絲粉末端上席去。誰知客人們品嘗後紛紛讚不絕口，鹽運使以後每招待客人都要林鼎鼎專門烹製這道菜。後來，林鼎鼎辭去官廚回家開設店鋪，專門製作油酥肉鬆，並持起「鼎日有」招牌，意為「鼎中日日有」，風靡榕城。福州官吏進京還把它作為貢品或禮品，於是揚名全國。

八寶金箱

材料：
老豆腐 350 克（切 10 塊），鹽 5 克
清素八寶丁 500 克，味精 2 克
醬油 5 克，素高湯 20 克
太白粉水適量

口味：
色澤紅潤，開箱見寶，味覺濃郁。

作法：

1. 將老豆腐切寬 7 公分、厚 7 公分的塊，備用。

2. 鍋中入多量底油，燒至 6 成熱，下入切好的豆腐塊，炸至金黃後取出瀝油，挖空備用。

3. 嵌入炒好的八寶丁末，裝盤蒸熱。

4. 鍋中加入少量底油，燒至 6 成熱時，烹入素高湯、醬油、鹽、味精調味，大火燒沸後用太白粉水勾芡，澆淋於豆腐盒子上即成。

注意： 豆腐的大小需切均勻。八寶丁可依個人喜好自行調製。

養生與營養： 清心養顏，搭配合理。

故事與傳說

佛家八寶，悅人養人，盡去世人垢病。佛家豆腐，勝黃金多多，以豆腐金箱，藏清淨八寶，雖乾隆帝也稱拜服。有乾隆詩為證，金箱白玉嵌。

財源滾滾

材料：
葛根素餃 12 個（青豆 30 克，
葛根粉 300 克，豆芽 30 克，豆
腐 30 克，味精 2 克，鹽 4 克）
青豆 15 克，青、紅椒 10 克
筍 10 克，素高湯 20 克，鹽 4 克
太白粉水 10 克，味精 2 克

口味：
香脆爽滑，色澤豔麗。

作法：
1. 葛根粉以水調和後製成餃子皮；青豆洗淨剁碎，
   豆芽切末，豆腐切末，加鹽、味精調味後包入葛
   根皮中，製成素餃，煮熟後瀝乾水分。
2. 青豆洗淨，汆燙；青、紅椒去籽去蒂，洗淨切丁，
   汆燙備用。
3. 鍋中加入多量底油燒至 6 成熱時，下入素餃炸至
   金黃色後撈出瀝油，裝盤；筍洗淨切丁汆燙。
4. 鍋中加入少量底油，燒至6成熱時，烹入素高湯，
   下入青豆、青椒丁、紅椒丁、筍丁大火燒沸，以
   鹽、味精調味後，用太白粉水勾芡澆淋於葛根餃
   上即成。

注意： 油炸時要注意火候，炸至外脆裡嫩即可。

養生與營養： 清涼下火，開胃下食。

故事與傳說

不貪財者，財源滾滾。素餃形似元寶卻勝似元寶。

彩色黃螺

材料：
素黃螺 350 克，銀杏 50 克
青佛豆（蠶豆）35 克，味精 2 克
青、紅椒各 5 片，鹽 5 克

口味：
清爽、清脆、色澤鮮豔。

作法：
1. 素黃螺汆燙；青佛豆、銀杏洗淨，汆燙備用。
2. 青、紅椒去籽去蒂，洗淨切片汆燙備用。
3. 鍋中加少量底油，大火燒至 6 成熱時，下入素黃螺、青佛豆、銀杏、青椒片、紅椒片煸炒至香，加鹽、味精調味後翻炒均勻，起鍋裝盤即成。

注意：熱油旺火速炒效果好。

養生與營養：清脾理氣，舒筋活血。

細說主食材

蒟蒻是齋菜好材料，蒟蒻粉製品也如豆製品一樣千變百化。蒟蒻粉做成的黃螺，形狀與真的黃螺相似，口感滑脆。

魚翅盅

材料：
白蘿蔔 150 克，素高湯 300 克
鹽 4 克，味精 2 克，胡椒粉 2 克
太白粉水 10 克

口味：
鮮香味濃，鹹鮮可口。

作法：
1.白蘿蔔去皮洗淨，切絲汆燙。
2.鍋中加入素高湯，大火燒沸，下入白蘿蔔絲，以鹽、味精、胡椒粉調味後用太白粉水勾芡，起鍋裝入盅內即成。

注意：蘿蔔絲要切得均勻。

養生與營養：利水消腫，清熱解毒。

故事與傳說　明熹宗之後到清代中期前，無人敢吃魚翅。當時的風水師認為，鯊魚為佛教護法神「摩羯」，吃魚翅是最不吉利的事情。此外，由於熹宗起年號天啟，且喜歡吃魚翅，寓意國破家亡，妻離子散，霉運連連，所以明朝滅亡後一直到清中期前無人敢吃魚翅，魚翅也被排除八珍。現在也提倡不要食用魚翅，以保護野生鯊魚的數量，而素魚翅確是佛齋中所獨有的，但請品嘗無妨。

斷橋殘雪

材料：
藕 350 克，香菇 200 克，麵包糠 100 克
鹽、味精各適量

口味：
色味一新，味道鮮美。

作法：
1. 藕去皮洗淨，切片汆燙；香菇發好，去蒂洗淨，切絲汆燙。
2. 鍋中加入少量底油，大火燒至 6 成熱時，下入藕片煸炒至香，撒鹽、味精調味後起鍋裝盤。
3. 鍋中加入多量底油，大火燒至 6 成熱時，將香菇絲以鹽、味精調味後拍麵包糠下入鍋中，炸至熟後撈出瀝油，擺盤撒麵包糠即成。
4. 盤飾時如需增添色彩，可擺上青綠色的食材，如青椒。

注意：
香菇絲拍麵包糠要拍的均勻，下鍋油炸的速度要快。

養生與營養：
補益潤燥，清肺化痰。

故事與傳說

斷橋之梅耐得住寂寞，勤修之人也需和靜之心，以素仿葷也是善惡間之橋樑。

佛珠草菇

材料：
草菇 500 克，青豌豆 100 克
味精 2 克，太白粉水 10 克
鹽 4 克

口味：
滑口一咀嚼，清香便出來。

作法：
1. 草菇洗淨切塊，汆燙；青豌豆洗淨，汆燙。
2. 鍋中加入少量底油，大火燒至 6 成熱時，下入草菇、青豌豆煸炒出香味。
3. 加鹽、味精調味後用太白粉水勾薄芡，起鍋裝盤即成。

注意：請選擇優質的草菇。

養生與營養：
輔助新陳代謝，幫助消化。草菇的維生素 C 含量高，能促進人體新陳代謝，提高機體免疫力，增強抗病能力。青豌豆為鮮豆類，蛋白質、鈣質含量均豐富。

故事與傳說

心中有佛常念經，時刻不離念佛珠。以草菇做珠，可念可食。

佛珠海參

材料：
素海參 300 克，青豆 50 克
鹽 4 克，味精 2 克
太白粉水 10 克

口味：
脆嫩爽口，清香不膩。

作法：
1. 素海參洗淨，切成條狀；青豆洗淨，汆燙備用。
2. 鍋中加入多量底油，大火燒至 5 成熱時下入素海參條，過油，撈出瀝油，備用。
3. 鍋中加入少量底油，大火燒至 6 成熱時，下入素海參條、青豆煸炒，以鹽、味精調味後用太白粉水勾薄芡，起鍋裝盤即成。

注意： 素海參可以在市場買到。

養生與營養： 潤腸排毒。

細說主食材

靈隱齋堂以此菜製作成素海參，形似、味似，以此為材料也開發了一些素海參菜，尤為可喜。

東坡肉

● **齋菜之美**

僧人眼中，冬瓜即肉。舊時靈隱寺外多農田，冬瓜遍地流。農家純樸、憨厚，每有大冬瓜、大南瓜之類，盡贈寺中。

材料：
冬瓜 350 克，低筋麵粉 50 克
青、紅椒粒 15 克，鹽 3 克
味精 2 克，太白粉水 10 克
素高湯 20 克，白糖 10 克
醬油 5 克，乾桂花 2 克
松子 5 克，芹菜 30 克

口味：
外酥內嫩，鮮香可口。

作法：
1. 將冬瓜去皮洗淨，切條；低筋麵粉加水調成糊。
2. 芹菜洗淨去葉，切粒；松子炸熟。
3. 鍋中加入多量底油，燒至 6 成熱時，將冬瓜條以鹽、味精調味後，裹麵粉糊下入鍋中，炸至金黃色後撈出瀝油，裝盤。
4. 鍋中加入少量底油，燒至 6 成熱時，烹入素高湯，大火燒沸，下入青、紅椒粒和芹菜粒。
5. 以醬油、白糖、味精調味，倒入太白粉水勾芡，澆淋於冬瓜條上，撒乾桂花、松子即成。

注意：冬瓜條切的應大小均一。

養生與營養：促進消化，減肥瘦身。

果老金錢

● 齋菜之美

靈隱寺周邊多銀杏，取銀杏頗為順利，以仙靈之冬菇配長壽之銀杏，也為養身之妙饌。

材料：
乾冬菇 350 克，銀杏 250 克
味精 2 克，滷汁 75 克
太白粉水 10 克，鹽 4 克

口味：
雙料雙味，色澤異樣。

作法：
1. 乾冬菇經水泡發，去蒂洗淨，以滷汁滷製後擺盤。
2. 銀杏煮熟，去殼。
3. 鍋中入適量油燒至 6 成熱，下入銀杏煸炒，加鹽、味精調味，用太白粉水勾薄芡，起鍋裝盤即成。

注意： 選擇一樣大小的冬菇。

養生與營養：
滋容顏而舒筋活血。冬菇含有豐富的蛋白質和多種人體必需的微量元素，還是防治感冒、降低膽固醇、防治肝硬化的保健食品。銀杏斂肺定喘，止帶濁，縮小便，用於痰多喘咳、帶下白濁、遺尿、尿頻等。

燕窩腰片

● 齋菜之美

美而色善。名色香味俱葷，正是真是假來假亦真，葷葷素素，真真假假，玄機之奧妙只有用心體味。

材料：

素腰片 250 克，木耳 150 克
青椒 25 克，醬油 10 克
雀巢 1 個（麵條油炸後製成）
太白粉水 10 克，鹽適量
味精 2 克

口味：

清爽清鮮，嫩香有致。

作法：

1. 素腰片洗淨汆燙；木耳經水泡發後洗淨汆燙。
2. 將雀巢先放入盤中；青椒去籽、蒂，洗淨切片汆燙。
3. 鍋中加入少量底油，大火燒至 6 成熱，下入素腰片、木耳、青椒煸炒出香味。
4. 加鹽、味精、醬油調味，用太白粉水勾薄芡，起鍋裝入雀巢即成。

注意：炒菜時火要大，起鍋要迅速。

養生與營養：滋顏養心。可提高機體免疫力。

荷花響鈴

材料：

富陽豆腐皮 150 克
荸薺 15 克，竹筍 20 克
粉條 50 克，鹽 4 克
味精 2 克、筍乾絲適量
香菇 20 克

口味：

形象美觀，口味鮮賽包。

作法：

1. 豆皮切成 8 公分見方的片；香菇經水泡發好後去蒂洗淨，切末；荸薺去皮，洗淨切末。
2. 竹筍洗淨，切末；粉條經水泡發後也切成末。
3. 將香菇末、荸薺末、竹筍末、粉條末加鹽、味精調味後，包入豆皮方片中，用筍乾絲紮緊口，備用。
4. 鍋中加入多量底油，燒至 6 成熱時，下入包好的豆皮卷，炸至皮脆金黃後取出，撈出瀝油裝盤即成。

注意：包製的大小應均一。油溫不宜過高。

養生與營養：養顏而清理腸胃。

故事與傳說

富陽豆腐皮為杭州獨有之特產，靈隱齋堂用此甚多。杭州名菜中就有乾炸響鈴，惜幾無餡料，唯小豆腐皮炸後的鬆脆口感，靈隱齋堂的八寶餡料恰好彌其不足。

紅燒金錢雞

材料：
富陽豆腐皮 200 克
太白粉水 50 克，味精 2 克
素高湯 50 克，醬油 10 克

口味：
酥香、美味。

作法：
1. 將 5 張豆腐皮疊起，以太白粉水黏結卷成圓筒狀，再橫切成 2 公分厚的圓片，備用。
2. 鍋中加入多量底油，燒至 6 成熱時，下入作法 1 的圓片，炸透後撈出瀝油。
3. 炒鍋中加入素高湯，將豆腐皮片下入，大火燒沸，以醬油調味後小火入味，轉大火收汁。
4. 撒味精提鮮後下入太白粉水勾芡，起鍋裝盤即成。

注意：卷的大小與粗細規格應一致。

養生與營養：養胃健脾，消火去痰。

故事與傳說

靈隱齋堂素以仿葷菜聞名四海，此為仿葷菜之一款，吃豆腐皮而狀如金錢，雞腿塊頗可玩味。

杭州卷雞

材料：

富陽豆腐皮（豆皮）350 克
嫩筍 200 克，醬油 10 克
素高湯 50 克，白糖 6 克
鹽 3 克，太白粉水 15 克
味精適量

口味：

肉質筋道，鮮香可口。

作法：

1. 富陽豆腐皮切 8 公分見方的片。
2. 嫩筍切絲，加鹽調味後卷入豆腐皮中，以太白粉水封口，備用。
3. 鍋中加入多量底油，燒至 6 成熱時，下入卷好的豆腐卷，炸至熟透後撈出瀝油裝盤。
4. 鍋中加入素高湯大火燒沸，烹入醬油，用白糖調味，小火慢燉入味，轉大火收汁，用味精提鮮，太白粉水勾芡起鍋裝盤即成。

注意：卷包大小需均一。

故事與傳說

這是一款豆腐皮做的菜，作法與杭州名菜紅燒卷雞相似。作法平常，卻頗得寺廟僧眾喜愛。

煎牛排

材料：
素牛排（素雞）500 克
醬油、黑胡椒汁各適量

口味：
味道鮮美。

作法：
1. 選取牛排狀的素雞片，均勻抹上醬油。
2. 鍋中加入多量底油，燒至 6 成熱時，下入素牛排炸熟，撈出瀝油。
3. 鍋底加入黑胡椒汁，放入炸熟的素牛排片，小火慢煨入味，排放入盤中即成。

注意：
黑胡椒汁根據各地方口味調製而有所不同，有的地方要先浸汁入味。

養生與營養：養陰滋脾肝。

故事與傳說

靈隱齋堂裡竟還有仿西式牛排之作！這也是靈隱寺未食古化，追求發展之佐證。

糖醋素排骨

● **齋菜之美**

幾乎所有餐館都有糖醋排骨。然靈隱齋堂之糖醋素排骨以西湖之藕仿排骨，既有相似口味，又富藕香，口感更見鬆脆。

材料：

西湖藕 250 克，麵粉 100 克
醋 15 克，素高湯 25 克
白糖 10 克，味精 2 克
太白粉水 15 克

口味：

形似排骨，味似排骨。

作法：

1. 藕洗淨去皮後以手掰成塊。
2. 麵粉以清水調和，備用。
3. 鍋中加入多量底油，大火燒至 6 成熱時，將藕塊沾上麵糊後下入油鍋中炸脆，撈出瀝油。
4. 鍋中加入少量底油，燒至 6 成熱時，下入素高湯，大火燒沸，以白糖、醋，味精調味後，用太白粉水勾芡，下入炸好的藕塊翻炒均勻，起鍋裝盤即成。

注意：製作的「排骨」要大小均一。

養生與營養：

潤腸養胃，養顏順氣。鮮藕含有 20％的醣類物質和豐富的鈣、磷、鐵及多種維生素。

瑪瑙薯棗

材料：
大棗 250 克，花生仁 150 克，白糖 10 克
番茄醬 20 克，醋 5 克，太白粉水 10 克
素高湯 15 克

口味：
甜度適口，味道無窮。

作法：
1. 大棗洗淨蒸透，製泥；花生仁洗淨煮熟。

2. 棗泥加入花生仁搓成棗形。
3. 鍋中加入多量底油，燒至 6 成熱時，下入製作好的棗球，至外皮漸硬後撈出瀝油。
4. 鍋中加入少量底油，燒至 5 成熱時，下入番茄醬煸炒至香，烹入少量素高湯，以白糖、醋調汁後大火燒沸，太白粉水勾芡，下入炸好的棗翻炒均勻，起鍋裝盤即成。

注意：搓好的棗形大小應均一。

養生與營養：
開胃理氣，補血養顏。紅棗富含蛋白質、脂肪、醣類、胡蘿蔔素、B 群維生素、維生素 C、維生素 P 以及鈣、磷、鐵和環磷酸腺苷等營養成分。其中維生素 C 的含量在果品中名列前茅，有「維生素之王」之美稱。

故事與傳說

靈隱齋堂之仿葷菜四海聞名，卻還有以素仿素之菜鮮為人知，比如這款瑪瑙薯棗，即是一個典型代表。

釀苦瓜

材料：
苦瓜 350 克，八寶素丁、鹽
味精、素油、太白粉各適量

作法：
1. 苦瓜洗淨去籽後橫切寸段；八寶素丁炒熟，加鹽、
   味精、素油、太白粉調味。
2. 將炒熟的八寶素丁釀入小苦瓜段中，上籠蒸 5 分
   鐘，起鍋裝盤即成。

注意： 切好的苦瓜大小需一致。

養生與營養：
降脂降醣，健胃養脾。苦瓜氣味苦、無毒，性寒，入心、肝、脾、肺經；具有清熱祛暑、
明目解毒、利尿涼血、解勞清心、益氣壯陽之功效；可輔助治療中暑、暑熱煩渴、暑癤、
痱子過多、目赤腫痛、癰腫丹毒、燒燙傷、少尿等病症。

細說主食材

苦瓜製成盛器比甜椒更添清爽淨涼之氣，最宜苦夏。

釀青椒

材料：
青椒 10 個（大小一樣）
素八寶餡 350 克，鹽 3 克
味精 2 克，太白粉水 10 克

口味：
各吃一位，八寶清香。

作法：
1. 青椒去籽去蒂，洗淨，底部開口備用。
2. 將素八寶餡釀進青椒做好的容器中，入籠蒸熟，取出，倒出湯汁留用，裝盤。
3. 鍋中加倒出的湯汁，大火燒沸，加鹽、味精調味，用太白粉水勾芡，淋於蒸好的青椒上即成。

注意：選擇大小一樣的青椒，蒸製時間應控制好。

養生與營養：
辣椒含有豐富的維生素等，食用辣椒，能增進食欲，增強體力，改善怕冷、凍傷、血管性頭痛等症狀。辣椒含有一種特殊物質，能加速新陳代謝，促進荷爾蒙分泌，保健皮膚。富含維生素 C，可以控制心臟病及冠狀動脈硬化，降低膽固醇。辣椒還能殺抑胃腹內的寄生蟲。

茄汁咕咾肉

● 齋菜之美

此菜屢見不鮮，然以蘑菇作肉則平添鮮美，此仿葷菜之魅力可見。

材料：
平菇 350 克，麵粉 50 克
糖醋汁 100 克（番茄醬、醋
白糖、太白粉水、素高湯各適量）

口味：
酥香、酸甜、適口。

作法：
1. 平菇洗淨；麵粉加水調和成糊備用。

2. 鍋中加入多量底油，大火燒至 6 成熱時，將平菇拍麵粉，沾上麵糊，下入油鍋，炸至金黃色時撈出瀝油，裝盤備用。

3. 鍋中加入少量底油，大火燒至 5 成熱時，下入番茄醬，煸炒至香味出時，加入少量素高湯，大火燒沸，加白糖、醋調味後以太白粉水勾芡，澆淋於炸好的平菇上即成。

注意：
拍粉、沾麵糊的技巧。應使平菇均勻裹上粉及麵糊。

養生與營養：開胃健脾，但糖尿病者不宜吃。

菊花鱸魚

材料：
長茄子 300 克，鹽 2 克
麵粉、素高湯、白糖
醋、太白粉水各適量
番茄汁 150 克

口味：
形象逼真，口感酸甜。

作法：
1. 茄子去皮，洗淨切段，切成菊花造型。
2. 鍋中加入多量底油，大火燒至 6 成熱，將茄子沾上麵粉加水調好的糊，下入油鍋中，炸至金黃色時撈出，瀝油裝盤備用。
3. 鍋中加入少量底油，大火燒至 5 成熱時，下入番茄汁煸炒至香，烹入少量素高湯，大火燒沸，用白糖、醋、鹽調味後再用太白粉水勾芡，澆淋於擺好盤的茄子上即成。

注意：製作形象要逼真。

雀巢菩提素肉丁

● 齋菜之美

素肉之丁，仿肉而勝於肉。味若、形若而神異。初嘗如肉，細品則蔬筍之氣令人神清氣爽。

材料：
素火腿 100 克，黃瓜 10 克
青、紅椒各 50 克，筍 20 克
麵條、鹽、味精各適量
玉米粒 30 克

口味：
一勺定胃口。

作法：
1.麵條經油炸後製作成雀巢；素火腿切丁。
2.筍洗淨切丁，汆燙；青、紅椒去籽去蒂，洗淨切丁，汆燙備用。
3.黃瓜洗淨，切丁汆燙；玉米粒洗淨，汆燙。
4.鍋中加入少量底油，大火燒至 6 成熱時，下入素火腿丁、筍丁、青椒丁、紅椒丁和玉米粒煸炒至香味出，用鹽、味精調味，起鍋裝入雀巢中即成。

注意：丁的大小要均一，炒菜時速度要快。

養生與營養：養胃舒腸，排毒養顏。

雀兒歸巢

材料：
富陽豆腐皮 3 張（100 克）
筍、香菇、豆腐干、粉絲、麵粉
各適量

口味：
小大如黃雀，一味仙中來。

作法：
1.豆腐皮分小片，筍洗淨切絲。

2.香菇經水泡發好後，去蒂洗淨，切絲；豆腐干切絲。

3.粉絲經水泡發後備用；麵粉加水調成糊。

4.將筍絲、香菇絲、豆干絲、粉絲，包入豆皮中，沾上麵粉糊，備用。

5.鍋中加入多量底油，大火燒至 6 成熱時下入沾好麵糊的豆腐卷，待炸至金黃時撈出瀝油，裝盤即成。

注意：卷包的大小均一，油炸時注意火候。

養生與營養：養胃滋顏，搭配合理。

故事與傳說

靈隱寺中歷代相傳達室之菜，形如黃雀，沾醬而食，其鮮美令人垂涎，後為《杭州菜榜》所收列為三十六名菜之一，號「炸黃雀」。

松子大黃魚

● *齋菜之美*

靈隱齋堂素魚甚多，大多以小豆腐皮包八寶丁塑形，雖手法一致，然造形逼真，多異其趣。

材料：
富陽豆腐皮 3 張，素八寶丁 300 克
糖醋汁 100 克（番茄醬、醋、白糖
太白粉水、素高湯各適量）
松子 10 克，青豆 5 克

口味：
外酥酸甜香，內鮮八寶芳。

作法：
1. 豆皮以溫水稍燙至軟。
2. 松子炒熟；青豆洗淨汆燙，備用。
3. 豆腐皮包八寶丁做成大黃魚狀；鍋中加入多量底油，燒至 6 成熱時，下入卷包成形的大黃魚，待炸至金黃後瀝油，撈出裝盤備用。
4. 鍋中加入少量底油，燒至 5 成熱時，下入番茄醬煸炒至出香味，烹入少量素高湯，大火燒沸，加白糖和醋調味，太白粉水勾芡，澆淋於裝好盤的素黃魚上，撒松子、青豆即成。

注意： 外形要酷似黃魚，油炸時注意油溫。

養生與營養： 舒胃養脾，養生與營養合理。

素扣肉

材料：
素肉 500 克，醬油、鹽、白糖
素高湯、太白粉水各適量

口味：
形似扣肉，味道相仿，真假難分。

作法：
1. 素肉切條，擺入容器中。
2. 將擺好的素肉上籠蒸 15 分鐘後取出，扣入盤中備用。
3. 鍋中加入少量底油，燒至 6 成熱，烹入素高湯，入醬油、鹽、白糖調味，大火燒沸後用太白粉水勾芡，澆淋於素扣肉上即成。

注意： 蒸的時間不能太長。

養生與營養：
對於心胸煩熱、小便不利、肺癰咳喘、肝硬化腹水、高血壓等病症有一定療效。

故事與傳說

靈隱齋堂裡竟還有仿扣肉排之作！這也是靈隱寺未食古不化、追求發展之佐證。

靈隱手剝筍

材料：
石竹筍 200 克，山芹菜 100 克
素高湯 500 克，白糖 10 克
太白粉水 15 克，鹽 5 克
醬油 20 克

口味：
咀嚼味中味，越嚼味越香。

作法：
1. 帶殼石竹筍，剝去外殼，洗淨切段；山芹菜洗淨，去葉切段，汆燙備用。
2. 砂鍋中加入素高湯，下入石筍段，大火燒沸，小火慢燜 5 小時，取出。
3. 鍋中加入少量底油，燒至 6 成熱，下入山芹菜、石筍段煸炒。
4. 以鹽、醬油、白糖、素高湯調味，用大火燒沸，再用太白粉水勾芡，起鍋裝盤即成。

注意：選擇鮮嫩竹筍。

養生與營養：清湯養容顏，減肥多吃筍。

細說主食材

寺圍皆山，山上筍頗多。其中石筍味極鮮，質極嫩，色極白。就地取材，剝殼而食，頗多古風。

五丁蛋餃

● 齋菜之美

此蛋餃形極似，味極似，下肚後也渾不知真假，仿真若真，此餃可謂佼佼者。

材料：

嫩豆腐 300 克，富陽豆腐皮 4 張
素五丁 100 克（香菇、玉米、豌豆
松子、胡蘿蔔各適量）
太白粉水 10 克

口味：

一包硬軟嫩，味鮮直到臍。

作法：

1. 嫩豆腐切成大薄片。
2. 嫩豆腐片對角疊起，嵌入素五丁料，邊用手指壓實，使之成餃狀，再將小豆腐皮包上，用太白粉水封口。
3. 鍋中加入多量底油，大火燒至 6 成熱時，下入包好的五丁餃，炸至金黃色後取出裝盤即成。

注意：包裝的大小要統一。素五丁可依個人喜好自行調整。

養生與營養：養胃舒脾，素蛋白豐富。

蝦仁鍋巴

材料：
素蝦仁 300 克，富陽豆腐皮 100 克
鍋巴 200 克，青豌豆 100 克
太白粉水 15 克，素高湯 20 克
鹽 4 克，味精 2 克

口味：
脆爽可口。

作法：
1. 鍋中入底油，大火燒至 6 成熱，下入鍋巴炸至金黃色，撈出瀝油裝盤。

2. 鍋中加入多量底油，燒至 6 成熱時，下入小豆腐皮炸至變色，撈出瀝油裝盤。
3. 素蝦仁、青豌豆分別洗淨汆燙。
4. 鍋中入底油，燒至 6 成熱時，下入素蝦仁和青豌豆煸炒至出香味，烹少量素高湯，大火燒沸，加鹽、味精調味，用太白粉水勾芡，淋於擺好盤的鍋巴和豆腐皮上即成。

注意：
油溫控制要精確，炒製時要旺火速炒。

養生與營養：養胃又開胃。

故事與傳說

此道菜與市井之番蝦鍋巴不同。一是除炸鍋巴外，尚有炸小豆腐皮。二是所用材料均為素料，蝦仁是用蒟蒻粉做的。

燕窩腰花

材料：
口蘑 500 克，馬鈴薯 150 克
醬油 5 克，薑 3 克，米醋 3 克
素高湯 50 克，太白粉水 10 克

口味：
軟酥一味鮮，形象美觀。

作法：
1. 馬鈴薯去皮，洗淨切絲。

2. 鍋中加入多量底油，燒至 6 成熱時，將馬鈴薯絲下入炸成雀巢形，瀝油裝盤，備用。
3. 口蘑洗淨，切梳子花刀，備用。
4. 鍋中加入多量底油，燒至 4 成熱時，下入口蘑過油，起鍋瀝油；薑去皮，洗淨切末。
5. 鍋中加入少量底油，燒至 6 成熱時，下薑末爆香，入醬油、米醋和素高湯，大火燒沸，用太白粉水勾芡，將口蘑下入翻炒均勻，裝入雀巢中即成。

注意： 蘑菇刀工精細，油炸時間不宜過長。

一桶江水

材料：
素蝦仁 150 克，青、紅椒各 50 克
素高湯 150 克，鹽 3 克，味精 2 克
麻油 3 克

口味：
湯色如金，味道鮮美。

作法：
1. 將裝菜的桶裝盛器入籠，小火蒸熱備用。
2. 素蝦仁洗淨，汆燙後裝入容器中。
3. 青、紅椒去籽去蒂，洗淨切片，汆燙後裝入容器中。
4. 鍋中加入素高湯，大火燒沸，用鹽、味精調味，淋麻油燒沸，倒入桶狀容器中即成。

注意：桶最好事先加熱。

故事與傳說

昔日僧人外出化緣，所得有生料，無鍋無灶難以進餐，取江水和油一同燒沸，將所有生料一同入水中燙熟而食之，食趣盎然。

砂缽煲鞭筍

材料：
鞭筍 150 克，鹽 3 克，味精 2 克
麻油 5 克，素高湯 100 克

口味：
軟嫩韌香，養生鮮爽。

作法：
1. 鞭筍洗淨，切段汆燙，備用。
2. 砂鍋中加入素高湯，下入鞭筍大火燒沸，
   小火慢燉至熟爛，以鹽、味精、麻油調味
   後上桌即成。

注意：筍一定要洗淨，火一定要小。

故事與傳說

靈隱齋堂家傳之菜。小紫砂碗形如僧人化緣之缽，以之作器，既合僧人之習慣，
也得之甘香。

油燜小鯽魚

材料：
冬筍 500 克，醬油 10 克
白糖 5 克，味精 2 克
素高湯 20 克

口味：
形似鯽魚，口感佳，一味仿
到家。

作法：
1. 冬筍洗淨一剖為四，用刀切斜十字花刀，製成
   小鯽魚狀。
2. 鍋中加入多量底油，大火燒至 6 成熱時，下入
   冬筍，炸至金黃色時撈出瀝油，備用。
3. 鍋中加入少量底油，燒至 6 成熱時烹入素高湯，
   下入炸好的冬筍，大火燒沸，加醬油、白糖燜
   至味透，撒味精提鮮後裝盤即成。

注意：刀工切製要均勻。

養生與營養：清腸理氣化毒素。

故事與傳說

杭州民間有油燜春筍，而靈隱齋堂以冬筍代之，肉味各有其妙，且其形制如小鯽
魚，食之也覺有鯽魚之味。

紫氣東來

材料：
紫藤花 300 克，乾麵粉 50 克
鹽 3 克，味精 2 克

口味：
一味沖天來，清心又悅目。

作法：
1. 取含苞未放的紫藤花放入水中，加入鹽浸泡 5 分鐘，取出備用。
2. 經過浸泡的紫藤花加鹽、味精調味，均勻地拍上乾麵粉，上籠蒸 5 分鐘，起鍋裝入盤中即成。

注意：將紫藤花略用鹽洗，易驅小蟲。

養生與營養：
養心養智，有益身心。紫藤花性味甘、微溫，有微毒。花利小便，種子有防腐作用，藤瘤及莖有抗癌功效。

故事與傳說

山水靈氣，體現祥和佛光，靈隱寺前飛來峰上遍植紫藤。伴紫藤花入饌，驅百晦而增祥和。其氣清香，其味無窮。

擊磬魚

材料：
富陽豆腐皮 2 張
素八寶料 300 克（糯米
筍丁、香菇丁、松子
核桃、青豆、紅蘿蔔
蘑菇各適量）

作法：
1. 豆皮經溫水浸泡至軟。
2. 用豆皮將素八寶餡料包入，製作成魚形，上籠蒸 5
   分鐘，取出。
3. 鍋中加入多量底油，大火燒至 6 成熱時，下入蒸好
   的素魚，炸至雙面金黃後撈出瀝油，裝盤即成。

注意：
蒸製時間不可過長。八寶料可依個人喜好自行調整。

故事與傳說

相傳，曾有一富人請東坡與佛印吃飯，佛印先到，看見主人給東坡先生準備的
是魚，便把魚藏到了磬中（一種佛具），這一幕恰好被稍後趕到的東坡看到，
他滿臉愁容地對佛印說，我編了上聯「向陽門第春常在」，下聯還沒有呀。佛
印說，下聯對「積善人家吉慶魚」何如？佛印出口後意識到東坡識破他藏魚的
事，二人哈哈大笑，遂橫批「吉慶魚」。

羅漢大包

● 齋菜之美
肚如羅漢心素美，八寶素餡中間鑲。醬香濃郁麵酵香，咬定方知不停下。

材料：
發酵麵團 300 克、八寶素料適量
（糯米、筍丁、香菇丁、松子、
核桃、青豆、紅蘿蔔、蘑菇）

口味：
軟糯香鮮，回味悠長。

作法：
1. 發酵麵團發好；八寶素餡料秤好量，準備好。
2. 將八寶素餡包入發酵麵團中，上籠蒸至熟透，
起鍋裝盤即成。

注意：
麵團一定要充分的發酵，八寶素料可依個人喜
好自行調整。

養生與營養：養心補臟，益中健體。

靈隱餅

材料：
棗泥料 150 克，油酥麵團 300 克
白芝麻 50 克

口味：
香甜軟糯，養生健體。

作法：
1.將棗泥餡包入油酥麵團中製作成餅，撒上白芝麻。
2.烤箱溫度調整至 180℃，放入製作好的餅，烤 5 分鐘後起鍋裝盤即成。

注意：
製餅形狀要一致，餡料要包裹均勻。

羅漢脆

材料：
玉米粉 100 克，小米麵粉 100 克
小麥粉 100 克

口味：
米香四溢，味道酥脆。

作法：
1.玉米粉經水調和成麵團，揉至光滑後用模具扣出圓片。
2.小米麵粉經水調和成麵團，揉至光滑後用模具扣出圓片。
3.小麥粉經水調和成麵團，揉至光滑後用模具扣成圓片。
4.烤箱溫度調至 180℃，放入做好的三種圓片，烤 5 分鐘，取出裝盤即成。

注意：將麵團揉至光滑，壓片要均勻。

靈隱佛手酥

材料：
棗泥餡 400 克
油酥麵團 100 克

口味：
棗香味延，麵酥香至。

作法：
1.將棗泥包入油酥麵團內，製作成佛手形狀。
2.烤箱調至 180℃，放入製成佛手狀的麵團，烤 5 分鐘，取出裝盤即成。

注意：烤的時間不可過長。

後記

當你翻到這一頁的時候，我們期盼你的心情能非常愉快。我們走過了千山萬水去尋找佛祖留下的養生足跡，這時我們突然發現佛祖及佛家的弟子們生活在精神極樂的世界裡，他們對飲食的追求與其說是來維持生命，不如更確切地說把食物當成「藥」來治「餓」這個病。自東漢末年佛教傳入中國，很少有專門記載佛齋飲食營養的文字，佛家不崇尚吃什麼的學問，而崇尚不吃什麼的學問。自古那些弘法誦經的佛家弟子們，就是在為人類的精神世界作貢獻。

他們在飲食的世界裡非常簡樸，簡樸到了維持生命的飲食極限，有人問那你們還寫什麼佛齋？佛齋又有什麼意義？不知你感覺到沒有，佛齋的本來意義就是規定飯時吃什麼，而所有的齋菜 80% 是佛家本有的飲食。我小時候生活在一個不敬佛的時代，直到 1982 年我去靈隱寺，才對佛產生了敬仰。現在 30 多年過去了，我日益感覺到佛的偉大和無量。那是把畢生奉獻給人類的一種「博愛」，讓人類在精神的世界中享受到「慈悲」、「普賢」、「智慧」「耀宗」等。

從研究佛齋到推廣佛齋，最終目的是讓我們對飲食有度，對養生有感悟，有健康的心態，健康的飲食，進而能健康地認識世界。現代的科學已經證明佛齋對我們有非常大的養生啟發和借鑒作用，有著重要的人生意義。

天底下沒有人能做到僅靠自己的堅韌意志即能抵抗住世間美食和美味的誘惑，只有佛家弟子們做到了。這個世界「魚和熊掌」不可兼得，人是用自己的牙齒咀嚼出了未來的墓地。因為死於口腹之欲的人遠多於死在自然災害和戰爭中的。

願每個人都有新的啟示。本書的核心是「養生」的佛齋，落實在自己身上——健康長壽。

阿彌陀佛！

小甫

中華佛齋
六大千年名寺
最天然的養生食譜

作　　者	張云甫
編　　委	張云甫、張宗照、高炳義、王樹溫
	周　雄、易渲承、王培河、王繼顯
	王奕木、王文學、王金良、王小波
	陳福鴻、劉　杰、寇凱俊
發 行 人	程安琪
總 策 畫	程顯灝
編輯顧問	錢嘉琪
編輯顧問	潘秉新
總 編 輯	呂增娣
主　　編	李瓊絲、鍾若琦
執行編輯	許雅眉
編　　輯	吳孟蓉、程郁庭
編輯助理	鄭婷尹
美術主編	潘大智
美術編輯	李怡君
行銷企劃	謝儀方
出 版 者	橘子文化事業有限公司
總 代 理	三友圖書有限公司
地　　址	106 台北市安和路 2 段 213 號 4 樓
電　　話	(02) 2377-4155
傳　　真	(02) 2377-4355
E － mail	service@sanyau.com.tw
郵政劃撥	05844889 三友圖書有限公司
總 經 銷	大和書報圖書股份有限公司
地　　址	新北市新莊區五工五路 2 號
電　　話	(02) 8990-2588
傳　　真	(02) 2299-7900

初　　版　2014 年 11 月
定　　價　新臺幣 580 元
ISBN　978-986-364-031-8（平裝）

本書繁體版由青島出版社授權出版
張云甫主編，《中華佛齋》
ISBN 978-7-5552-0068-0 © 2014
青島出版社有限公司 青島 中國

國家圖書館出版品預行編目 (CIP) 資料

中華佛齋：六大千年名寺最天然的養生食譜
/ 張云甫作 .-- 初版 .-- 臺北市：橘子文化，
2014.11　面；　公分
ISBN 978-986-364-031-8(平裝)
1. 素食食譜

427.31　　　　　　　　　　103019312